Thought and Language

西方心理学名著译丛

思维与语言

【俄】列夫·维果茨基 著　李维 译

图书在版编目(CIP)数据

思维与语言/(俄)列夫·维果茨基著；李维译. —北京： 北京大学出版社，2010.11
（西方心理学名著译丛）
ISBN 978-7-301-17943-7

Ⅰ.①思…　Ⅱ.①列…②李…　Ⅲ.①言语—关系—思维　Ⅳ.①B842.5

中国版本图书馆 CIP 数据核字（2010）第 200641 号

书　　　名	思维与语言
著作责任者	［俄］列夫·维果茨基　著　李　维　译
丛书策划	周雁翎　陈　静
丛书主持	陈　静
责任编辑	陈　静
标准书号	ISBN 978-7-301-17943-7
出版发行	北京大学出版社
地　　　址	北京市海淀区成府路 205 号　100871
网　　　址	http://www.pup.cn　　新浪微博：@北京大学出版社
微信公众号	通识书苑（微信号：sartspku）　科学元典（微信号：kexueyuandian）
电子邮箱	编辑部 jyzx@pup.cn　　总编室 zpup@pup.cn
电　　　话	邮购部 010-62752015　发行部 010-62750672　编辑部 010-62707542
印　刷　者	北京鑫海金澳胶印有限公司
经　销　者	新华书店
	720 毫米×1020 毫米　16 开本　13.75 印张　140 千字
	2010 年 11 月第 1 版　2024 年 10 月第 13 次印刷
定　　　价	49.00 元

未经许可，不得以任何方式复制或抄袭本书之部分或全部内容。
版权所有，侵权必究
举报电话：010-62752024　电子邮箱：fd@pup.cn
图书如有印装质量问题，请与出版部联系，电话：010-62756370

目　录

中文版译序 …………………………………………（1）
英文版序言 …………………………………………（1）
英文版译序 …………………………………………（1）
俄文版作者序 ………………………………………（1）
第一章　问题与方法 ………………………………（1）
第二章　皮亚杰关于儿童语言和思维的理论 ……（10）
第三章　斯特恩的语言发展理论 …………………（30）
第四章　思维和言语的发生之源 …………………（40）
第五章　概念形成的实验研究 ……………………（64）
第六章　童年期科学概念的发展 …………………（99）
第七章　思维和言语 ………………………………（138）
参考文献 ……………………………………………（181）

中文版译序

列夫·维果茨基(Lev Semenovich Vygotsky)是俄国著名的心理学家,文化-历史学说(culture-history theory)的创始人。维果茨基1917年毕业于莫斯科大学(University of Moscow)法律系和沙尼亚夫斯基大学(University of Shaniavsky)历史-哲学系,因对心理学感兴趣而广泛阅读了心理学、语言学和其他有关社会科学的著作,并先后在莫斯科实验心理学研究所和莫斯科心理研究所任职。1934年因患肺病逝世,享年只有38岁。《思维与语言》(*Thought and Language*)这部代表作刊布于维果茨基逝世后数月。

维果茨基创立的文化-历史学说,其核心问题是高级心理机能(high psychological function)的发展问题。维果茨基关于高级心理机能的发展观点,起始于他对意识的看法。针对当时的客观心理学,他反对把意识从心理学研究领域中完全排除出去,认为辩证唯物主义不否定作为脑的机能和高度组织起来的物质属性的意识实在性,也不否认对它进行科学的因而也是严格客观的研究的必要性。与意识问题紧密联系的是高级心理机能问题,维果茨基对高级心理机能的研究,促使他创立了文化-历史的发展理论。

一

维果茨基认为,传统上,关于高级心理机能,它的结构、发生和发展,以及它的所有特殊规律性,存在着两种倾向:一是把它归结为较简单程度的过程;一是把它分解为单个的组成成分。前者为客观心理学(objective psychology),它"始终不承认高级机能和低级机能的差别";后者为主观心理学(subjective psychology),它认为在每一初级机能之上还耸立着"不知从何而来的第二层次"(即高级机能层次):在机械记忆之上是逻辑记忆,在不随意注意之上是随意注意,在再现想象之上是创造性想象,在形象思维之上是概念思维,在低级感情之上是高级感情,在一时冲动的愿望之上是具有远见的愿望。但这些高级机能的起源并不清楚,这就导致人们认为它们原本是与低级机能一起被预先安排好了的;在发生、机能和结构上同低级机能没有任何联系,无法在低级机能上找到自己的本源。

这种关于高级机能和低级机能问题的不正确看法,反映在儿童心理学中,便是不去研究高级心理机能的发生和发展,而是倾向于分析已经形成的、发展的行为形式,或是不研究发展本身的过程及其从一个阶段向另一个阶段的过渡,而是去说明它们在发展的不同阶段上的单个行为形式。

与上述观点相反,维果茨基提出了理解发展的文化-历史原则:心理的发展,应当从历史的观点,而不是抽象的观点,不是在社会环境之外,而是在同它们的作用的不可分割的联系中,加以理解。这一原则基于这样一个论点:现代文明的成人的行为是两种不同发展过程——动物生物进化和人类历史发展——的结果,由于这样,最初原始的人变成了现代文明的人。在种系发生(phylogeny)中,这两个过程是以独立的、互不依赖的发展路线单独地表现出来的,然而,在个体发生(contogeny)中,它们却汇合在一起了,因为儿童从生下来的第一天起就处在他的周围社会环境的一定影响之下。由于这种影响,便使人产生和形成着新的行为系统。这种新的行为系统是在具备一定的生物成熟的情况下形成起来的,它并不要求改变人的生物类型,但由此组成的高级机能(言语思维、逻辑记忆、概念形式、随意注意和意志等),在人类历史发展过程中则发生着深刻而全面的变化。可见,高级机能是在人类文化发展过程中由那些低级机能变成的。"在历史发展的过程中,社会的人改变着自己行为的方式和方法,并使其天生的素质和机能发生变化,形成和创造出新的行为方式——特殊的文化方式。"由此,决定了必须在人的发展中研究心理机能,也即从人在某种程度上表现出来的始基的形式开始,直到高级行为过程和高级心理过程。

在维果茨基看来,作为人类文化发展的一个重要方面,心理机能的发展包含着能在质上改变低级心理机能的"心理工具"(mental means)。这种心理工具是一些人为的刺激—手段(stimulate means),当人类掌握了这些刺激-手段并使用它们时,也就使自己摆脱了对现有的、不依他人为转移的刺激—客体的完全依赖性,使行为有了新形式,也即把高级行为与简单行为区别开来。维果茨基称这种心理工具为"记号"(signs)。可以作为记号的例子有:语言、形形色色的号码和计数、各种记忆装置、艺术作品、信、图表、图纸、地图和各种各样的暗号等等,对于

动物的条件反射(conditioning)活动来说,记号表明的只是一种信号作用,而对人来说,除此之外还表明了另外一种把他和动物区别开来的东西,那就是意义(meaning)。

意义的原则是一种活动的新原则。信号作用只是对自然界现象联系的一种消极反映,它完全是由自然界的条件创造出来的,也绝不会超出自然界已有的那个范围。人的特点是对自然界进行积极的变革(这一点是整个人类历史的基础),而这种对自然界的积极变革,要求接通在纯粹自然的、天生的行为类型中不可能做到的那种联系,也即只有借助人工创造的刺激、刺激-手段和使行为有意义的记号才能做到的那种联系。这种工作类似于电话接线员的活动。无论低级机能或高级机能,都是以暂时条件联系和典型条件反射的形成为基础的,这只说明了电话机本身的工作,而当我们说到高级机能时,它类似于接通所需线路的电话员工作。正是电话员本身的工作,包含着与低级行为方式不同的高级行为方式的特殊性。发展的实质便在于此。

以此为依据,维果茨基在发展问题上着重考虑了两个课题:① 词在心理工具中的地位。维果茨基说,言语就其本身意义而言,是社会联系的核心系统,是社会联系和文化行为的核心机能。词是普遍的、到处可以使用的刺激—手段,它可以被广泛地作为外部的或内部的刺激而加以使用。② 思维在各种心理机能中的主导地位。机能之间的整个关系系统,基本上决定于在这一发展阶段上占支配地位的思维形式。

把上述两个课题结合起来,使维果茨基广泛地考察了心理学中的一个最重要的问题——思维与语言的问题,它构成了文化-历史发展的重要组成部分。

二

　　维果茨基既反对把思维与语言等同起来的观点,也反对把两者完全割裂开来的观点。在维果茨基看来,心理活动是一个复杂的整体,这个整体可以分解为基本的单位,这些基本的单位应该具有整体所固有的一切基本特性。在生物学领域,这种分析的产物就是活的细胞,它保持着有机体所固有的一切基本特性;思维与语言的关系也需要有这样的单位,它本身包含着言语思维作为整体所固有的特性。在作这样的分解时,不能把言语思维分解为彼此孤立的元素——思维与语言,然后试图研究不依赖于言语的思维和不依赖于思维的言语,并把两者之间的联系视作两个不同的过程之间纯粹外部的、机械的依赖关系。这样的分解方式是把复杂的言语思维分解为失去其整体特性的思维与语言两个元素。

　　那么,维果茨基所分解的基本单位是什么呢?维果茨基指出,它就是词的意义——词的内在方面,对现实的概括反映。词的意义是两个彼此紧密联系的言语机能(社会交往机能和思维机能)的单位。交往必然以词的意义的概括和发展为前提;人类的交往形式只有依赖于对现实概括反映的思维才有可能表现出来。唯有承认词的意义这一单位,才能对词的声音和它的意义之间的关系有个明确的理解。也就是说,人类言语最本质的标志是声音和意义的紧密联系,因为言语的声音方面的单位不是声音本身而是有意义的声音。由此推导,思维与语言的关系是紧密联系和不可分离的,这种统一使词与其意义的联系不同于

纯粹联想的联系。维果茨基高度概括了这一基本观点:"思维不是在言语中表现出来的,而是在言语中实现出来的。"

这样,思维与语言的关系就不能被看做是一成不变的东西。它始终是一个过程:从思维向言语的运动和从言语向思维的运动。言语的两个方面(内部的、意义的方面和外部的、声音的方面)彼此具有特殊的运动规律;思维在言语中具体化,同时也就是对具体表现在言语中的意义结构的改变,也即"思维的语法成了言语的语法"。在维果茨基看来,从意义向声音转化的复杂过程,形成了一条基本的使言语思维本身更加完善的路径。

具体说来,维果茨基在言语思维问题上,同两种观点进行了论争:

1. 唯理主义的言语思维理论。以 W. 斯特恩(W. Stern)为代表的唯理主义言语思维理论强调言语的"有意性",强调"瞬间发现符号及其意义"的可能性。所谓言语的"有意性",意指对某种内容的指向,或者说"意义"。用斯特恩的话说,"人类在心理发展的某个阶段,获得了在发出声音的时候去意指某种事物的能力,去提到某种客观事物的能力"。实际上,这些有意义的行为已经是思维行为了;它们的出现意味着言语的唯理化和具体化。而所谓"瞬间发现符号及其意义",意指儿童能以一次了结的方式意识到每一物体都有它永久性的象征(ermanent symbol),一种识别它的合宜的模型(pattern)——也就是说,每件事物都有个名字。当儿童能够意识到一些象征并能意识到需要这些象征时,可以说这已经是在特定意义上的一种思维过程了。

然而,在维果茨基看来,斯特恩的麻烦在于把"有意性"这种专门要求作出发生学(genetics)解释的言语特征(也即这种"有意性"如何在演化过程中形成)看成是言语发展的根源之一,一种驱动力量,一种生来就有的倾向,一种强烈的欲望。这种"有意性言语"不知出自何方:它既没有历史,也没有任何来源。按照斯特恩的观点,它是基本的、原始的,是"一劳永逸的"自发地冒出来的。"当斯特恩以这种方式看待有意性的时候,他用一种唯理主义的解释取代了发生学的解释……这种用需要解释的事物来解释一件事的方式是一切唯理主义理论的基本缺点,也是斯特恩理论的基本缺点。"同样,维果茨基也认为,观察和实验研究都表明,儿童只是在以后稍长的时间里才能获得符号和意义之间的关系,或者掌握符号的功能性用途。这是因为,掌握符号和意义之间的关系,以及过渡到用符号操作,不会由儿童的瞬间发展或瞬间发明而产生。儿童不是以一次了结的方式发现语言意义的。发现语言意义的过程是一个极为复杂的过程,该过程既有它的"自然历史"(也就是说,在更加原始的发展水平上它的早期开端和过渡形式),也有它的"文化历史"(也即具有它自己的一系列阶段,它自己的量的发展,质的发展,以及功能的发展,它自己的动力和规律)。大量的研究表明:① 儿童发现词和物体之间的联系并不立即使儿童清楚地意识到符号和符号所指对象的象征性关系(这是充分发展的思维的特征),对于儿童来说,词长期以来是物体的一种属性或者一种特征,而不仅仅是一种符号;儿童先掌握物体-词的外部结构,然后掌握符号-符号所指对象的内部关系。② 儿童的发现实际上并不是突然的发现,这种发现表面看来是瞬间产生的,实际上是一系列时间的和复杂的"分子"(molecular)变化导致言语发展中那个关键时刻的到来。

2. 关于"自我中心言语"(egocentric speech)的看法。按照 J. 皮亚杰(J. Piaget)的观点,联系儿童逻辑特征的纽带是儿童思维的自我中心主义(egocentrism),这种自我中心主义在发生上、结构上和功能上处于我向思考(autistic thought)和定向思考(directed thought)之间的中间位置。这里,定向思考是有意识的,它追求存在于思考者心中的目标;它是智慧的,适应现实并努力影响现实;它可以通过语言进行交流。我向思考则是下意识的(subconscious),它容易受到真理的影响,也容易受到谬误的影响;它所追求的目标以及它所解决的问题本身并不存在于意识之中;它不适应外部现实,但却为自身创造了一种想象的或梦幻的现实;它保持严格的个体化,以意象形式进行运作。因此,为了进行交流,必须求助于兜圈子的说话方式,通过象征以及虚构的手法,以激发引起我向思考的情感。介于这两种思维方式之间的是自我中心的思维。皮亚杰还认为,言语和思维发展的一般方向是:从我向言语和思维过渡到社会化言语和思维,从主观的胡思乱想过渡到关系的逻辑性。因此:① 从性质上说,自我中心言语的根源在于儿童的最初的非社会性;② 自我中心言语最后会完全消亡,为社会言语所取代。

然而,与皮亚杰产生分歧的是,维果茨基认为,自我中心言语并不仅仅作为儿童活动的一种伴随物。除了成为一种表述手段和一种解除紧张的手段之外,它在特定的意义上很快成为一种思维工具——一种寻求和规划解决问题的工具。维果茨基曾以实验中的一个事实来说明自我中心言语在某种程度上改变一项活动的进程:一名5岁的儿童正在画一辆市内有轨电车,期间他的铅笔头突然断了。儿童用力揿铅笔,但是纸上显示不出笔迹,只有深深的没有颜色的一条线痕。这时儿童自言自语地说:"铅笔断了。"接着便把铅笔丢在一边,随手拿起水彩笔,开始画一辆出了交通事故后的破电车,并不时地自言自语,讲他画中发生的变化。据此,维果茨基认为自我中心言语不只是一种副产品,或者一种不干扰主旋律的伴奏。"我们观察到自我中心言语如何在一开始标志着一项活动的结局或转折,然后逐步地朝中心移动,最后达到活动的开始部分,呈现出指导性的、计划性的作用,并把儿童的行为提高到有目的的行为的水平。"

而且,维果茨基认为,儿童最初的言语就是纯粹社会性的,自我中心言语不是从我向言语转化到社会言语,而是从外部社会言语转化到内部个人言语。言语越来越成为思维的工具,而儿童思维的发展则依赖于他对这种思维活动的社会工具的掌握。自我中心言语在从有声言语到内部言语的演化过程中是一个过渡阶段。在实验中,年龄稍大儿童和年幼儿童的行为表现是不同的。"年长儿童默不作声地对情况进行考察,然后找出解决办法。当儿童被问到他正在思考什么东西时,他所给的答案相当于学前儿童的大声思考。这就表明学前儿童通过自我中心言语实施的同样的心理运算(mental operation)已经让位于学龄儿童的无声的内部言语。"维果茨基指出,由于有声的自我中心言语和内部言语完成了同样的功能,这样的相似性表明,当自我中心言语消失时,它并没有简单地消亡,而是"转入了地下",也即变成了内部言语。当这种转化发生时,面临困难的儿童便一会儿求助于自我中心言语,一会儿求助于沉默反应。"我们的假设是,内部言语的过程几乎在学龄开始便得到发展并变得稳定,它引起那个阶段观察到的自我中心言语的迅速终止。"

在这个问题上,维果茨基的观点是,全部发展遵循着以下路线:言语的主要功能(不论是儿童的还是成人的)是交流,是一种社会接触。因此,儿童的最初言语基本上是社会性的。开始时它是混合的和多功能的(global and multifunctional),后来功能开始分化。当儿童将社会性的行为形式转移到个人内部心理功能方面,像和其他人交谈一样开始对自己交谈时,自我中心言语发生了。随着儿童的发展,自我中心言语逐步转化为内部言语,这种内部言语既服务于我向思考,又服务于逻辑思维。

三

维果茨基在思维与语言的发展问题上,坚持这样的观点:思维的发展与言语的发展并不对应,它们的两条发展曲线是交叉的。这两条曲线可能会变成直线,齐头并进,甚至在某个时期会合并成一条线,但它们总是又要叉开的。这个规律对种系发生和个体发生都是适用的。为此,维果茨基从种系发生、个体发生、自我中心言语向内部言语过渡,以及概念的形成等四个方面探讨了思维与语言的发展。

1. 种系发生上的思维与语言问题。维果茨基认为,在动物身上,思维和言语产生的根源各不相同,发展的方式也各不相同。维果茨基以 W. 苛勒(W. Koehler)和 R. 耶基斯(R. Yerkes)的研究为例指出,在动物身上出现初期的思维能力与言语完全没有什么关系。类人猿会制造和使用工具,也会迂回曲折地找到解决问题的办法。在这个过程中,类人猿所表现出的创造力,虽然只能算作初步的思维,但仍归属于思维发展的前语言阶段

(prelinguistic phase)。

然而,这不等于说类人猿没有自己的语言。在维果茨基看来,类人猿的语言有着与众不同之处。例如,黑猩猩是非常合群的动物,在群体内它们有着各种各样的"语言交际"形式:首先,它们有一套感情丰富的表情,包括变化脸部表情、打手势、嗓子发音等。其次,它们做一些表示社交情感的动作,包括表示问候的手势等。黑猩猩既能"理解"相互之间的手势和嗓音,又能通过手势和嗓音来"表示"与其他成员有关的欲望。如果黑猩猩要别的成员做什么动作或一起做什么动作,它通常自己先做一遍。例如,它若要"邀请"另一只黑猩猩跟着它走,它就会推那黑猩猩一下,并表演走路的起步动作;它若要另一只黑猩猩给它一个香蕉,它就会朝空中抓一下。所有这些动作都是直接与行为本身有关的手势。维果茨基认为,这些观察证实了 W. 冯特(W. Wundt)的看法,即示意性手势是人类语言发展过程的第一阶段,类人猿的某些手势是处于理解性和示意性之间的某种形式。维果茨基称"这个过渡阶段的手势是从纯粹的感情丰富的表情跨向客观性语言的很重要的一步"。但是,动物达不到这个客观表述的阶段:黑猩猩能够玩弄彩色黏土,先是用嘴唇和舌头"画画",后来再用画笔"画画",可是它们的"作品"根本一点也不表述什么。"在它们的作品里显示不出有什么迹象表达客观性含意。"在这个过程中,类人猿所表现出的"语言交际",虽然只能算作原始的语言,但仍可归属于语言发展的前智力阶段(pre-intellectual phase)。

由此,维果茨基就种系发生过程中思维与语言的发展归纳出下述几个结论:① 思维与言语的发展根源是不相同的;② 这

两个机能发展的方式各不相同,相互之间没有依赖性;③ 类人猿在某些方面(萌芽状态的运用工具能力),表现出某种人类那样的智力,而在完全不同的其他方面(社交性嗓音和手势),表现出某种像人类那样的语言;④ 在类人猿身上没有人类所特有的思维与语言之间非常接近的一致性;⑤ 在思维与语言的发展过程中,思维发展的前语言阶段和语言发展的前智力阶段有着明显的区别。

2. 个体发生上的思维与语言问题。就个体发生而言,思维与语言发展的关系要复杂得多。维果茨基认为,已有的客观证据表明,儿童思维发展过程有一个前语言阶段。为此,他引用了卡尔·比勒(Karl Buehler)的发现。比勒认为儿童的行为很像黑猩猩,因此儿童生命中的这个阶段可以被恰当地称做"黑猩猩期":"在我们的被试身上,这个时期相当于 10 个月、11 个月和 12 个月……儿童的首次创作发生在这个黑猩猩期,虽然那是非常初级的创作,但对儿童的心理发展是极其重要的。"维果茨基从有关的儿童实验中得出结论认为,早期的智力反应并不依赖于言语。"过去人们说言语是动物人化的开始,但是在言语之前还有同运用工具的能力有关的思维,也就是对机械性联系的理解,以及为了机械性目的进行机械方法的设计,或者说得更简单点,在有言语之前,行动就有了主观的意义。"

在个体发生中,儿童言语发展过程有一个前智力根源。维果茨基指出,儿童的牙牙学语、哭叫,甚至发出第一个词语,很显然是与思维发展毫无关系的"言语"发展阶段。这些表现形式一直被视作以情感为主的形式,除了具有发泄的功能外,还具有社交的功能。维果茨基引证说,有关儿童行为最初形式的研究,以

及对儿童听到讲话声音所作的最初反应的研究,表明了言语的社交功能在第一年里就已经非常明显;对于讲话声音所作的明显反应,早在生命的第三周里就可看到;在第二个月里就可看到独特的社交反应。"这些研究证实了笑声、含糊不清的说话声、动作等等都是自儿童生命的最初几个月就有的社交手段。"

到了2岁左右的某一时刻,思维与语言发展的曲线会出现会合,从而引起一种行为的新形式。这个关键时刻,即言语开始为智力服务,思维开始用言语表达的时刻,是由两种行为表现出来的:① 儿童对词语有着主动的好奇心,对每一件新事物都要问"这是什么"。② 儿童的词汇量迅速、飞快地扩展。在这个转折点之前,儿童只拥有少量的词汇,这些词(如同在条件反射中那样)替代物品、人、行动、心情或欲望。在那个年龄,儿童只知道人家提供给他的词汇。现在,情况起了变化:儿童感到有一种说词语的需要,通过提出各种问题,意欲学会表示事物的语言符号。"他好像发现了词语的符号功能。"言语在早期是情感、意动的,现在进入了智力的阶段。思维与语言发展的两条曲线会合在一起了。

由此,维果茨基就个体发生过程中思维与语言的发展归纳出下述几个结论:① 思维与语言在个体发生的过程中发展根源不同;② 在言语发展中,存在一个前智力阶段,而在思维发展中,存在一个前言语阶段;③ 在某个关键时刻之前,两条发展曲线是不同的,互相之间是独立的;④ 在某个关键时刻,两条曲线开始会合,于是思维变成了言语的东西,而言语变成了智力的东西。

3. 言语的发展过程。维果茨基把言语的发展过程分为四

个阶段:

第一,原始或自然阶段。这一阶段与思维发展中的前言语和言语发展中的前智力相一致。这时,言语的运作是以原始形式出现的,因为它们是在行为的原始水平上逐步形成的。

第二,幼稚的心理(naive psychology)阶段。该阶段类似于幼稚的物理(naive physics)表现,也即儿童对自己的身体和周围的事物有了物理特性的经验,这些经验运用到工具使用方面,儿童首次表现出萌芽中的实际智力。这个阶段在儿童的言语发展中是非常明确的,其具体表现是,儿童在尚未理解语法形式和结构所表示的逻辑运作之前已能正确使用若干言语。例如,儿童在尚未真正懂得原因、条件、时间等关系之前就会用"因为"、"如果"、"当……时候"、"但是"等词语。看来,"他未掌握思维的句法就先掌握了言语的句法"。

第三,外部符号阶段。随着幼稚的心理经验的不断积累,儿童进入了第三个阶段,其特征是有了外部符号,这是在解决内在问题时用作辅助手段的外部运作。该阶段的具体表现有儿童拨弄自己的手指来数数,采用一定的助记辅助手段或记忆术来帮助记忆等等。在言语发展过程中,这个阶段的特点是以自我为中心的言语。

第四,内部生长阶段。这时,外部运作向内转化,并在这一过程中经历了深刻的变化。儿童开始用脑子数数,运用"逻辑记忆",也就是说,运用内部的联系和内部的符号。在言语发展过程中,这是内部的、无声的言语阶段。然而,在这一阶段,外部运作和内部运作之间仍有不断的相互作用,一种形式常常很容易地变为另一种形式,接着又变回来。当内部言语用来为外部言语作准备时(例如,在仔细考虑即将要做的讲座时),内部言语在形式上可能接近外部言语,或者甚至完全变得像外部言语。"内部的和外部的行为之间没有明显的分界线,各自都影响着对方。"

4. 关于概念的形成。当时,在概念的形成问题上,存在着一种以 N. 阿赫(N. Ach)为代表的观点,认为概念形成的基本因素不是联想,而是从目的的观念和人所面临的课题的观念而来的决定的意向。对此,维果茨基指出,无论是课题,或是由课题所引起的决定的意向,它们本身还不能解释达成目的的过程。概念形成的主要问题是实现相应的心理运作的手段问题。"只有研究言语功能的使用及其发展,言语在每一年龄阶段上各种性质不同的、发生上彼此联系的应用形式,才是研究概念形成的关键。"

在概念形成问题上,维果茨基重点研究了科学概念和日常概念。前者指教学过程中掌握的概念,后者指日常生活过程中形成的概念。科学概念的特征是运用它们时的理解性和随意性。这一点使科学概念从本质上与日常概念区别开来,因为日常概念是还未被理解的和很少能随意运用的,它产生自儿童的个人经验。在适当组织的教学过程中,科学概念的发展会胜过日常概念的形成。前者的发展对后者的形成有着相当的影响。儿童只有通过科学概念的大门才能达到理解,同时,为了形成科学概念,也需要日常概念发展到一定程度。特别需要指出的是,在维果茨基看来,科学概念和日常概念的发展是循着相反的方向行进的:日常概念是从概念的低级属性向高级属性"自下而上"地发展的,科学概念则是从概念的高级属性向低级属性"自

上而下"地发展的。"科学概念通过日常概念从下面产生出来,日常概念通过科学概念从上面产生出来。"但是,相反的发展途径并没有消除两种概念形式的相互联系和相互作用。

维果茨基把发展和教学的相互关系同科学概念和日常概念的问题密切地联系起来。他反对把教学和发展看做是两个互不依赖的过程的观点,也反对把两个过程等量齐观的观点。在维果茨基看来,发展是一个统一的过程,尽管在不同阶段上它与教学处于不同的关系之中。在这种具有差别的关系之中,存在着一个共同的因素,那就是:"教学始终并应当走在发展的前面,而不要落在发展的后面。"

四

维果茨基倡导的文化-历史发展学说,以及由该学说派生出来的思维与语言的发展观点,对前苏联心理学的发展具有重要的影响。无论是他的同事,还是他的助手和学生,都富有成效地使这一影响得以扩大。然而,对维果茨基的观点不是没有反对意见,这些意见集中表现在下述几个方面:

1. 对文化-历史发展观提出的抽象社会学观点的批评。批评指出,在人类心理的历史发展中,文化-历史发展观只看到了一个因素——发明内部工具、符号、实现某种心理机能的手段。其实,人类的心理生活是极其复杂的,这种复杂性的历史发展,随着社会发展的整个进程,依从于社会关系的具体内容,依从于社会发展的一定阶段、一定时代的物质生活和精神生活。对于这种复杂多样的历史发展本身,文化-历史发展观不仅没有加以阐明,甚至没有指出它应当加以研究的一个问题。由此推导,文化-历史发展观对历史原则的理解似乎过于狭隘了。

2. 对个体发生中划分出心理机能的自然发展和文化发展的批评。维果茨基认为,儿童心理发展过程沿着自然发展和文化发展这两条路径行进,它们在个体发生中是紧密地融合在一起的。但是,从直接现实的心理过程向间接的心理过程(运用符号)的过渡,是在儿童发展的较晚时期(学龄时期)实现的。这就产生了矛盾。也就是说,它一方面承认人在出生最初几天就受社会制约这一事实,另一方面却认为从直接心理过程向间接心理过程的过渡是在学龄时期实现的,从而把自然发展和文化发展人为地割裂开来,暴露出他所提出的基本观点之间的矛盾。

3. 对内部言语的本质和起源的观点的批评。维果茨基认为,内部言语起源于自我中心言语,它是"对自己"的言语,而外部言语则是"对别人"的言语。在维果茨基看来,自我中心言语是从外部言语向内部言语过渡的形式,或者说是内部言语的早期形式,是连结外部言语和内部言语的中间环节。外部言语转变为自我中心言语意味着社会言语向个体言语的过渡,所以,内部言语从心理本质上说是一种特殊的形成物;它不是去掉声音的言语,而是一个独特的言语机能。批评者指出,维果茨基自相矛盾的结论使得人们难以理解自我中心言语是外部言语和内部言语的中间环节。维果茨基的结论是:内部言语出现得较晚。甚至在学龄期儿童身上,它还是高度易变的、不稳定的。批评者的依据是:从听者重复(无声地)听到的东西当中可以看到内部言语的萌芽;听言语并非简简单单地听,到一定程度,听者如同和对话者一起谈话一样。既然言语是交际的手段,那么它就不

是单向的,而是双向的。谈话的地方不仅有说者,而且也有听者。在交谈的场合,无论是说者还是听者,他们都在思考同样的东西。在这种情况下,说意味着出声地想,听意味着默默地想。听说双方其实谈论的是同一东西,只是一个出声,一个默默而已。由此推导,没有思维的言语不是言语,没有言语的思维也不存在。言语和思维,外部言语和内部言语是同时发展起来的。正如外部言语一样,内部言语也是社会产生的言语。内部言语的起源,不应当在自我中心言语中去寻找,而应当在可以发现一切言语起源的地方——交际中去寻找。

上述这些批评基本上是在维果茨基逝世之后提出来的。由于这些批评意见没有得到答复,因此也就没有论争,没有结果。

李 维

2010年7月

英文版序言

列夫·谢苗诺维奇·维果茨基(Lev Semenovich Vygotsky)生于1896年。在莫斯科大学(University of Moscow)求学期间,他广泛而贪婪地阅读,涉猎语言学、社会科学、心理学、哲学和艺术领域。他在心理学方面的系统研究始于1924年。10年以后,他死于结核病,享年38岁。自1924年至病逝之前,他在得意门生和同事鲁利亚(A. R. Luria)、列昂捷夫(A. Leontiev)和萨哈洛夫(Sakharov)的协作下,在发展心理学、教育和精神病理学领域开展了一系列研究,其中许多工作由于他的英年早逝而中断。目前,这部作品刊布于1934年他逝世之后。该书汇集了维果茨基工作的主要方面,尽管其主题是思维和语言的关系问题,但是它却深刻地展现了具有高度创造性和慎密思考的智力发展理论。维果茨基的发展概念同时也是一种教育理论。

按照我们自己的理智观点,维果茨基的观点从表面上看可以称做机能主义(functionalism)或工具主义(instrumentalism),或者有点类似于意动心理学(act psychology)。根据马克思主义的思想观点,他因为认识到人类的意识和智力的历史决定作用而著名。看一下维果茨基在世界心理学中的地位,他实际上超越了杜威-詹姆斯(Dewey-James)的机能主义。维果茨基是一

位具有独到见解的人。人们不能单单从发展的苏联人类概念中寻觅他的重要性,或者用机能主义的语言来翻译他的著述,或者片面强调他与乔治·米德(George Herbert Mead)的亲密关系,以及两人具有的有趣的相似性,否则的话,便会对维果茨基造成损害。

在维果茨基的著述中,你们将会找到下列卷首语"征服自然"(Natura Parendo Vincitur),确实,《思维与语言》从其信仰角度阐述了下列观点:在把握自然的过程中我们也把握了自己。因为这是产生思维的外显活动的内化(internalization),尤其是使有力的语言工具影响思维流(stream of thought)的外部对话的内化。如果你愿意承认的话,人类是由他们所使用的工具和器械形成的。因此,不论是单独使用心灵,还是单独使用手,都不会有多大的价值。维果茨基在上述卷首语下面又引用了培根(F. Bacon)的一段语录:"Nec manns, nis intellectus, sibi permissus, multam valent: instrumentis et auxilibus res perficitur."该语录的意思是指:如果单单手或单单智力都不能占优势的话,那么工具和器械便成为内化的语言和概念的思维的发展主源。而内化的语言和概念的思维有时平行发展,有时则会汇合并相互影响。

维果茨基的思想在这部译作中已经展现得十分清楚,以至于几乎没有必要在本序言中为他的理论和研究提供总结。他把自己关于语言和思维关系的观点置于智力发展的种系发生(phylogeny)的理论观点之中,并特别细致地注意苛勒(W. Koehler)和耶基斯(R. Yerkes)对类人猿的早期研究。他的观点与自然人类学家的现代研究工作十分一致,自然人类学家已经推测使用手的"卵石工具"(pebble tools)在形成 Australopithecus 和其他人科动物演化过程中的作用。确实,如果维果茨基是一位解剖学家,那么他肯定会将自己的观点与下列的观点结成同盟,这种观点对威廉·詹姆斯来说是如此亲切,那就是机能创造器官。维果茨基得出结论说,言语和思维来自不同的根源,而在人类中发现的思维和言语的密切一致在高级类人猿中是不存在的。这使他直接从事探索幼儿行为的任务,在幼儿行为中,思维的运用存在于前语言阶段(prelinguistic phase),而言语的运用则存在于前智力阶段(preintellectual phase)。有三位专门研究思维和言语发展的作者成为他的出发点:卡尔·比勒,威廉·斯特恩(William Stern),以及让·皮亚杰。关于皮亚杰,维果茨基只知道他最初的两本著作。在一本单独出版的小册子里①,皮亚杰从本世纪 30 年代初开始便将他的发展理论与维果茨基的研究联系起来,对于后者的工作,直到向他提供了这本译作以后才开始具体地熟悉起来。

在论述儿童的智力和语言发展方面,维果茨基提出了将对话内化到内部言语和思维的课题,这与当时皮亚杰把言语发展看做是自我中心主义(egocentrism)的抑制形成对照,并为心理学和语言学提供了内部言语的最深刻分析。他驳斥华生(J. B. Watson)把思维等同于不明显的肌肉活动的愚蠢立场,并明确指出,与马克思不同,他并不把内化言语看做是喉部的肌肉震颤,而是内部的表征(internal representation)。在某种意义上说,这样的处理是分析的和理论的。系统实验是极少的,但是在

---

① 让·皮亚杰《关于维果茨基批判性述评的评论》(Comments on Vygotsky's Critical Remarks),剑桥(Combridge),M. I. T. 出版,1962 年。

实验和观察被报告的地方,它们是如此地具有独创性,以至于人们希望有更多的内容——与儿童表演图片相比,观察儿童运用言语对一张图片进行描述。

当维果茨基着手讨论儿童的概念归类的发展时——从聚集(heaps)到复合(complexes)到假概念(pseudo-concepts)到概念——人们方才认识到他作为一位经验主义者的力量和独创性。运用维果茨基积木(Vygotsky blocks)(也许这是该作者在这个国家里唯一知名的东西),他对下列方式进行追踪,这种方式为儿童的智力发展提供了一种分类结构,该结构使语言的运用在思维中作为一种逻辑的和分析的工具成为可能。在此之前,当缺乏概念结构时,语言发挥其他作用,而不是这种作用。最后,维果茨基还探索了一种方式,其中严密的科学概念和经过训练的思维在儿童形成"自发"概念(spontaneous concepts)过程中具有转移和提供新方向的效应。我想读者会因为发现维果茨基的智力概念而感到喜悦,并从他的教导和他的激进建议中得益,他的激进建议便是我们相应地测试智力。

在许多方面,本书是更为纲领性的而不是系统性的。有时,它在作出结论方面过于迅速,以至于使人难以接受,但是由常识观察(commonsense observation)发射出的特殊曙光却是合情合理的。即便这样,维果茨基为其任务带来的常识并非导源于漫无边际的联想,而是来自对儿童学会讲话和学会解决问题的连续观察。维果茨基的英年早逝中断了实验的发展走势;然而,他的工作现在却开始在当代苏联心理学家和语言学家的生气勃勃的活动中反映出来。

在介绍这本既具说服力又具独创性的著作时,只有一个进

一步的论点需要确立。在理解认知过程的不断努力中,维果茨基代表了向前迈进的另一步。他的观点是中介性的。概念和组成概念的语言为认知活动提供力量和策略。为了更加简单、更加深刻地了解事物而实施高级结构的能力被看做是人类智力的有力工具之一。就随便举个评价的例子,"新的更高级的概念依次转化为较低级概念的意义。已经掌握了代数概念的青少年能居高临下地用更广泛的观念了解算术概念"。这些陈述反复强调了人类创造更高结构的能力,实际上,替代(replace)并为概念结构提供新的能量使一个人不断地攀向更高的层次。把努力学习和掌握置于该阶段的中心,以此作为使我们摆脱早期努力和结果的一种手段,这是人类的一种想象。"在这个例子中,像经过一种意义水平通向另一个水平的其他例子一样,儿童不必将其早先的全部概念分别重组,因为这种重组确是艰苦而无尽头的劳动。一旦一种新的结构已经合并进他的思想……它就会逐渐散布到较旧的概念中去,把它们引向更高形式的智力操作"。假定维果茨基在上述一番话中陈述的是一种询问的程序而不是检验过的结论,那么他正在把问题放到一种形式中去,这种形式富含着人类的勃勃生机和智慧的想象。

确实,维果茨基把一种历史观引入了对思维如何发展的理解,以及对思维究竟是什么的理解之中。但是,有趣的是,他还提出一种机制(mechanism),通过这种机制,人们从自己的历史中解放出来。对维果茨基来说,这是苏联心理学家着手进行从巴甫洛夫(I. Pavlov)经典性刺激—反应条件反射(stimulus-response conditioning)统治中解放出来的战斗。维果茨基是第二信号系统(second signal system)的设计师,第二信

号系统是巴甫洛夫为克服他早期理论中过分刻板的情况而提出的。第二信号系统提供了工具,通过该工具,人类在自身和物质刺激世界之间创造了一个中介物,以便能够按照人类自己的象征性现实概念(symbolic conception of reality)作出反应。在这一概念中,使马克思主义理论家高兴的是,社会和社会活动在形成第二信号系统中的地位得到了明确的承认——通过这种中介结构,物质世界的刺激信号得以过滤。对于我来说,惊人的事实在于,它提供了一个多元的世界,在那里每个人以自己的风格与环境达成妥协,维果茨基的发展理论也是对通向个性化和自由的多种途径的一种描述。在这个意义上,我认为维果茨基作为一位人性论者(theorist of the nature of man),他超越了今天把我们的世界割裂得如此之深的思想意识的断裂层。

杰罗姆·布鲁纳
剑桥,马萨诸塞州 1961 年 7 月

英文版译序

《思维与语言》(Thought and Language)俄文版的第一版于作者逝世后数月出版。在筹备出书的过程中,维果茨基试图将各篇论文汇编成册。其中有些文章在早些时候写成,有几篇已经发表过;其他一些论文在维果茨基卧病不起时作了口述。也许由于本书筹备仓促,因此没有很好地组织,而且它那基本的内在统一性不易显示出来。有些论述几乎一字不改地在不同章节里甚至在同一章节里重复出现;诸多偏爱争论的离题话语使思维发展变得难以理解。俄文版第一版的编辑在其序言中指出了这些欠缺,但仍决定把维果茨基的原著保持原样出版。22年以后,当《思维与语言》以一卷本维果茨基选集再版时,几乎改动得极少。

在后来的30年间,本版的译者之一,E. 汉夫曼(E. Hanfmann)和J. 卡萨宁(J. Kasanin)进行合作,重复了维果茨基关于概念形成的某些研究;她还清楚地记得为此著作她所经历的迂回曲折的奋斗过程。当维果茨基的合作者和朋友A. R. 鲁利亚(A. R. Luria)教授于1957年要求她参加《思维与语言》一书的翻译工作时,她表示了一种观点,即把维果茨基的原著进行逐字逐句的翻译对他的思想来说是不公正的。因此,双方一致同意:那些过分的重复,以及某些喜爱争辩的讨论,由于对当代的读者

来说不会引起多大的兴趣而应当删除,以便有利于更直截了当的表述。在翻译本书时,我们简化和澄清了维果茨基的复杂的风格,始终力求确切地表达他的意思。有些章的内部结构仍被保持,除了第二章外,该章的大量省略导致内容的重新安排以及分节数目的大大减少。

尽管这本更为紧凑的译本可以称做原著的节译本,但是我们仍感到这种简缩反而增加了清晰度和可读性,而且在思想内容或实际信息上毫无损失。遗憾的是,俄文版没有包含有关维果茨基自己及其同事的研究的详细资料:本书中提到的四次系列调查,只有一次调查的方法,即对雪夫(I. Shif)的调查,给予了较为详细的描述。有些研究在专业人员代表大会和期刊上简要地作了汇报,但是,根据鲁利亚教授的观点,没有一项研究完整地出版过。

俄文版的文献目录在本书的末尾予以重印,还作了些补充。尽管如此,这一文献目录仍未确切反映维果茨基引用过的资料来源的范围。他对参考资料的处理很不系统。包括在文献目录内的某些出版物,在他的著述中并未直接提到。另一方面,著作中论及到的许多作者也没有包括在他的索引中,该索引尚未包含对维果茨基来说较为熟悉的许多语言学著作。我们纠正了某些省略。例如,我们在文献目录中包含了阿赫(N. Ach)关于概念形成的研究,对此研究维果茨基进行过详细讨论。此外,我们还补充了维果茨基撰写的发表于美国期刊上的两篇文章,以及用英语撰写的关于他的研究的两个早期报告,还有一篇用德文撰写的近期报告。大多数以德文、法文和英文发表的研究著述是由维果茨基用该国语言提供的;然而,有些在它们的俄文译本中加以罗列；对于这些，我们已经用原来的标题予以替代。所有的引文均译自由维果茨基提供的俄文版本，包括那些来自非俄语作者的引文，唯一例外的是来自皮亚杰的众多冗长的片段，这些我们直接译自法语。

威廉斯和威尔金斯出版公司(Williams and Wilkins Company)同意我们摘引 E. 汉夫曼和 J. 卡萨宁合著的《精神分裂症的概念思维》(*Conceptual Thinking in Schizophrenia*)，我们谨致谢意。同时，我们还要感谢《精神病学》(*Psychiatry*)一书的编辑，他们同意我们重印 H. 贝尔(H. Beier)所著的第七章的早期译文。我们引用了她的著述的某些部分，包括俄国文学作品中若干引文的译文；然而，我们不得不部分地重译这一章，以便达到统一的紧凑程度，并保持始终如一的风格。

最后但并非最不重要的是，我们十分感谢皮亚杰对维果茨基就他早期研究工作所作的批判性评论。

E. 汉夫曼　G. 瓦卡

俄文版作者序

本书研究心理学中最复杂的问题之一：思维和语言的相互关系。就我们所知，它尚未以系统的方式进行过实验调查。我们想通过对整个问题的各个方面进行实验研究来触及这项任务。研究结果为我们提供了据此进行分析的部分材料。

理论的和批判的讨论是一个必要的先决条件，它补充了研究的实验部分，构成了本书的主要内容。作为我们实验的起点，我们的假设，必须建立在思维和语言发生学根源（genetic roots）的一般理论基础之上。为了发展这种理论框架，我们在心理学文献中查阅并仔细分析了有关的资料。与此相伴随，我们对思维和语言的主要理论进行了严格分析，以便我们在探究自己的理论途径时能克服那些理论的不足，避免重蹈复辙。

我们的分析不可避免地涉足一些毗邻的学科领域，例如语言学和教育心理学。在讨论童年期科学概念的发展时，我们运用了教育过程和心理发展之间关系的假设，对此我们在其他地方已经运用不同的资料加以推定。

本书的结构是复杂的和多面的，但是所有部分都朝向一项中心任务，即对思维和言语之间的关系进行发生学分析。第一章提出问题并讨论方法。第二章和第三章对语言和思维发展的两个最有影响的理论进行批判分析，这两个最有影响的理论即是皮亚杰的理论和斯特恩（W. Stern）的理论。第四章试图追溯

思维和语言的发生学根源;它是本书的主要部分的理论介绍,两项实验调查则在接下来的两章中加以描述。首先研究(第五章)童年期词义的一般发展过程;其次(第六章)对儿童的"科学的"和自发的概念的发展进行比较研究。最后一章试图把我们的调查线索结合在一起,根据我们的资料来呈现整个言语思维的过程。

对那些我们认为是新的并最终需要进一步认真核查的研究予以扼要列举,这样做可能是有益的。除了我们对这一问题提供修改过的系统阐述和部分新方法之外,我们的贡献可以概述如下:① 为童年期词义经历的演化提供实验证据,并对演化中的基本步骤进行了界定;② 揭示了儿童"科学"概念发展的单一路径,并将此与他的自发概念相比较,系统阐述决定这些概念发展的规律;③ 表明书面言语在与思维的关系中特定的心理学性质和语言学功能;④ 通过实验澄清了内部言语的性质及其与思维的关系。对我们调查结果的评价,以及对我们就这些结果所提供的解释的评价,已经不属于作者的职权范围,必须留待读者们和批评家们去考虑。

作者和他的助手们近十年来一直在探索语言和思维这个领域。在这一探索过程中,原先的一些假设被修正,或者由于错误而遭抛弃。然而,我们的调查主线却一直朝着开始时采取的方向。我们充分意识到这项研究难免存在不完善性,但它毕竟是朝新方向迈出的第一步。我们觉得在揭示思维和语言这一人类心理学的焦点问题中,我们已经对某些基本进展作出了贡献。我们的调查结果指出了通向新的意识理论的途径,这在本书的结尾中已有所提及。

第一章

问题与方法

　　思维与语言的研究是心理学的领域之一。在该领域中,对思维与语言相互作用的关系(inter functional relations)的清晰理解尤为重要。倘若我们不了解思维和言语的相互关系,我们便无法回答,甚至正确提出这个领域中更为特定的问题。心理学从未系统地和详尽地研究过这种关系,似乎有点令人惊异。总的说来,相互作用的关系尚未得到应有的注意。在过去的十年里,流行的原子主义(atomistic)和机能主义(functional)的分析模式孤立地处理心理过程。虽然研究方法随着分别研究各种功能而得到发展和完善,然而,总体上说,各种功能之间的相互依存以及它们在意识结构中的组织状况尚未得到认真研究。

　　确实,意识的统一性和一切心理机能的相互关系已为大家所接受;据认为各个单一的功能是在一种不受干扰的彼此关联中不可分割地发挥作用的。可是,在旧心理学中,这种无可质疑的统一性假设,与一组为了实践的目的而将这种统一性假设抛弃的假设结合起来。据此,认为两种特定的机能之间的关系永不变化;例如,知觉(perception)始终以同一方式与注意相联系,记忆与知觉相联系,思维与记忆相联系。鉴于这种恒定不变的原因,这些关系在研究各种机能的过程中,可以(而且过去就是)加以忽略和不计的。由于实际上这些关系无关紧要,因此意识的发展被看做是由各个单一功能的自主发展(autonomous development)决定的。然而,有关心理发展的全部知识表明,它的本质存在于意识的内部机能结构的变化之中。心理学必须把这些关系及其发展变化作为主要问题,作为研究的焦点,而非仅仅对所有功能的普遍内在关系作出假设。这种研究方法的转向对于语言和思维的建设性研究是至关重要的。

以往关于思维与语言的研究表明,从古至今提出的所有理论不外乎两个方面:一个方面是思维与语言的同一(identification)或联合(fusion),另一个方面则是同样绝对的、几乎是形而上学的分离(disjunction)和隔断(segregation)。无论是用纯粹的方式表示上述两种极端理论中的任何一种理论,还是把两者结合起来,使之成为一种中间立场,都处在两极之间轴的某一点上,一切有关思维与语言的理论都跳不出这一圈子。

我们可以对思维与语言的同一性(identity)观点进行追溯,从心理语言学关于思维是"言语减去声音"(speech minus sound)的推测,到现代美国心理学家和反射学家的理论,即认为思维是其运动部分(motor part)受到抑制的一种反射。在所有这些理论中,思维与语言的关系问题失去了意义。假如思维与语言是同一回事,那么两者之间便不会产生任何关系。那些把思维与语言视作同一的人们干脆关上了问题的大门。乍一看,持相反意见的拥护者们似乎处于较为有利的地位。他们认为言语是外向的表现形式（outward manifestation），是思维的外壳，并试图像符茨堡学派（Wurzburg school）那样把思维从包括词语在内的一切感觉成分中摆脱出来。他们不仅提出了两种机能之间的关系，而且以他们自己的方式试图解决两种机能之间的关系问题。然而，实际上，他们无法以真正解决问题的方式提出问题。既然他们已经使思维与语言彼此独立，并使每一机能变得"纯粹"，以便采用互不相干的方式对其中一方进行研究，因此他们就不得不把思维与语言之间的关系看做是两个显然不同的过程之间一种机械的外在的联系。由于把言语的思维分析成两种独立的本质上不同的元素，从而排除了有关语言与思维之间内在关系的任何一种研究。

由此可见，以往的研究者所采用的分析方法（methods of analysis）存在着错误。为了成功地处理思维与语言之间的关系问题，我们首先必须扪心自问什么样的分析方法最有可能保证问题的解决。

在心理结构的研究中，可能有两种基本上不同的分析方法。对我们来说，其中的一种分析方法似乎同以往的旧问题研究者们遭受的挫折有关，现在轮到我们来着手处理这个旧问题了。另一种分析方法是解决问题的唯一正确方法。

第一种方法是把复杂的心理整体分解为许多元素（elements）。这种方法类似于把水从化学上分解成氢和氧，两者都不具有水这个整体的特性，每一种元素具有的特性在水这一整体中也不存在。学生运用这种方法以探求水的某种特性的解释——例如，为什么水可以灭火——将会惊奇地发现氢燃烧而

氧助燃。这些发现对于他解决问题并无帮助。把言语的思维分解成它的组成部分：思维和词语，并且互不联系地孤立地对它们分别进行研究，会使心理学在同样的死胡同里曲折前进。在分析过程中，言语思维的原先特性已经消失。研究者们一无所获，唯有发现两种元素的机械的相互影响，期望以纯粹的投机方式来重新构建业已消失的整体特性。

这种分析类型把问题转移到一个更大的概括水平上；它没能为研究思维与语言之间多重形式的具体关系提供任何合适的基础，而这种多重形式的具体关系产生于言语思维在其不同方面发展并起作用的过程之中。这一方法导致了关于一切言语和一切思维的概括，而不是使我们去审视和解释特殊的例子与短语，并在事件的过程中确定具体的规律。此外，由于它忽视了研究过程的整体性质，致使我们犯下了严重错误。我们称之为词的音和义的现实联合被分解为两部分，这两部分据假设仅仅依靠机械的联想连接，而那种把词的音和义视作互不相关的元素的观点已经对语言的语音和语义方面的研究造成极大损害。由于它并未表明言语特有的物理属性和心理属性，而仅仅显示了存在于自然界的一切声音的共同特性，因此把语音仅仅作为声音来对语音进行彻底研究，全然不顾它们与思维的联系，这对于它们作为人类言语的功能几乎没有什么意义。同样，与语音相脱离的语义只能作为一种纯思维活动加以研究，并且脱离它的物质载体而变化和发展。这种音和义的分离导致了古典语音学和语义学的荒芜。在儿童心理学方面，言语发展的语音和语义方面同样被分割开来加以研究。尽管对语音发展已经开展了大量研究，然而积累的数据对于理解语言发展几乎没有什么贡献，而且与思维发展的研究结果基本无关。

根据我们的观点,可以遵循的正确途径是使用另一种分析方法,它可以称为"单位分析法"(analysis in to units)。

"单位分析"与"元素分析"不同,其分析结果保留了整体的所有基本特性,而且若不失去这些特性便不能进一步划分。就了解水的特性而言,关键不是了解水的化学组成,而是了解水的分子及其行为。生物分析的真正单位是活生生的细胞,它具有活生生的有机体的基本特征。

那么,符合这些要求的言语思维单位究竟是什么呢?我们认为言语思维单位可以在词的内部,即词义(word meaning)中找到。迄今为止,对这种言语的内在方面几乎极少开展过调查研究,而且心理学在词义方面也几乎未能告诉我们什么东西;因为词义问题同样未能用于一切其他的思维意象和思维活动。然而,恰恰是在词义中,思维与语言才融合成言语思维。因此,只有在词义中,才能找到思维与语言之间关系问题的答案。

我们的实验研究像理论分析一样,暗示着格式塔心理学(Gestalt psychology)和联想心理学(association psychology)在探求词义的内在本质上一直走错了方向。一个词并不指单一的物体而是指一组或一类物体。因此每个词已经是一种概括(generalization)。概括是一种思维的言语活动,与感觉和知觉反映现实相比,概括以另一种方式反映现实。这样一种质的差异不言而喻地表明,不仅在完全缺乏意识和感觉的无生命物质之间存在一种辩证的飞跃,而且在感觉和思维之间也存在一种辩证的飞跃。有充分的理由假设,感觉和思维之间质的区别在于后者存在对现实的概括反映,这也是词义的本质所在;于是,

从这个术语的充分意义上说,词义是一种思维活动。可是,与此同时,词义是词的不可分割的部分,因此它像属于思维范畴一样属于语言范畴。没有词义的词是空洞的声音,不再成为人类言语的一部分。由于词义既是思维又是言语,我们在其中发现了我们正在寻找的言语思维单位。看来,事情十分清楚了,在探究言语思维的本质过程中,所应遵循的方式便是语义分析(semantic analysis)——研究这个单位的发展、功能和结构,它包含了思维和言语的相互关联。

这种分析方法兼有分析和综合的好处,从而能对复杂的整体开展适当的研究。为了说明这一点,让我们探讨一下我们主题的另一方面,它也是过去明显地被忽视的。言语的原始功能是交际和社交。当把语言分解成元素进行研究时,这种原始功能也从言语的理智功能(intellectual function)中分离出来。这两种功能被当做彼此独立、互不相关、好似平行的两种功能,并对两者的结构和发展的相互关系毫不注意。可是,词义是这两种言语功能的一个单位。没有某种中介的表达(mediating expression),那么心灵之间便无法沟通,这对于科学心理学来说是明白无疑的真理。如果不存在一种符号系统,不存在语言的或其他的系统,那么有可能存在的只是那种最原始和最有限的交际类型。依靠在动物中间可以观察到的表达动作来进行交流,显然不同于由情感传播产生的交流。一只受惊的鹅突然意识到危险,并用叫声唤起群鹅,它并未告诉其他的鹅它所见到的险情,只不过用自己的恐惧感染其他的鹅而已。

向他人进行经验和思维的理性而有意的转达需要一种中介系统,这种中介系统的原型便是人类在劳动中因交往需要而产生的言语。根据当前的思潮,迄今为止心理学都以过分简单的方式描绘这件事。据假设,交际的手段是信号(词或音);通过同时发出一个声音,便能和任何经验的内容相联系,然后又把同样内容向他人转达。

可是,有关人类童年时代理解和交流发展的进一步研究已经产生这样一种结论,真正的交流需要意义(meaning)——也即概括——这和信号差不多。按照爱德华·萨皮尔(Edward Sapir)的深刻描述,在把经验世界翻译成符号以前,必须予以极大的简化和概括。唯有采用这种方法,交流才有可能,因为个人经验只存在于自己的意识之中,而且严格地讲是无法传授的。要使个人经验得以传授,必须把个人经验包容于某种范畴之中,人类社会通过约定俗成的惯例,把这种范畴看成是一个单位。

所以,真正的人类交流预先假定一种概括的态度,这是词义发展中的高级阶段。正因为人类思想反映了概念化现实,人类交往的高级形式才有可能。这也就是儿童们尽管熟悉必要的词语,但是成人无法把某些思想传达给他们的原因。他们缺乏的是能够保证充分理解的恰当地概括了的概念。托尔斯泰(Tolstoy)在他的教育著作中写道,儿童往往难以学会一个新词,原因不在词的发音,而是由于该词所指的概念。无论何时,只要概念成熟,一个词便能学到手了。

既作为概括化思维又作为社会交际单位的词义概念对于思维与语言的研究具有无可估量的价值。它使真正的原因发生分析(causal-genetic analysis)得以进行,这是一种对儿童思维能力的成长及其社会发展关系的系统研究。这种概括和交流的相互关系可以认为是我们研究的次要焦点。

　　值得一提的是,语言领域中的有些问题并没有在我们的研究中专门加以探索。在这些问题中,首要的是言语的语音和语义的关系。我们认为,近年来语言学的重要进展主要归功于言语研究中所使用的分析方法的改变。在传统的语言学中,认为语音的概念是言语的独立元素,从而把单个的语音用作分析单位。结果,传统的语言学把注意力集中在生理学和声学上,而不是集中在言语的心理学方面。现代语言学利用音素,这是影响词义的最小的不可再分的语言单位,从而使它具有有别于其他声音的人类言语特征。把它引入思维与语言研究,并且作为分析单位,既对语言学有利又使心理学获益。应用这种方法取得的具体收获证明了它的价值。它基本上和单位分析方法是一致的,也是我们在研究中使用的,它有别于元素分析方法。

　　我们关于研究方法的研究,其成果也体现在其他有关功能之间的关系问题上,体现在作为整体的意识的其他各部分之间的关系问题上。简要地提一下,至少这些问题之一将会为我们今后的研究指明方向,同时指出当前研究的重要性。我们还记得理智和情感的关系,把两者割裂开来加以研究是传统心理学的致命弱点,因为它使思维过程显得好像一股自发的"思想本身在思维"的流,既与丰富多彩的生活相脱离,也与思维者的个人需要和兴趣相脱离,即与思维者的倾向和冲动相脱离。这种割裂的思维必然被看做在生活中无法改变任何事情的无意义的附带现象(epiphenomenon)或个人行为,或者被看做以神秘莫测的方式对个人生活施加影响的某种原始力量。至于我们思维的原因和起源问题,研究的大门已经关上,因为决定论的分析(deterministic analysis)需要阐明把思维引向这个或那个渠道的动力。

鉴于同样的原因,老方法阻碍了逆向过程(reverse process)的有效研究,这种逆向过程是指思维对情感和意志的影响。

单位分析方法指出了解决这些重要问题的途径。它表明存在着一种词义的动力系统,情感和理智在其中得以联合。它也表明了每种思想包含着对思想所指的现实的变形的情感态度。它进一步使我们根据个人的需要和冲动来追溯他的思维所采取的特殊方向,或者相反,根据他的思维来追溯他的行为和活动。这一例子足以说明,思维与语言研究中所用的这种方法,对于研究言语思维与作为整体的意识的关系是很有希望的工具,对于研究言语思维与其他基本功能的关系也是很有希望的工具。

第二章

皮亚杰关于儿童语言和思维的理论①

1

心理学应该大大感激皮亚杰。可以毫不夸张地说,皮亚杰对儿童语言和思维的研究进行了彻底的改革。他发展了探索儿童思维的实验方法,这些方法在今天已被广泛运用。他是第一位对儿童知觉(perception)和逻辑(logic)进行系统研究的心理学家;此外,他为自己的课题注入了清新的具有非同寻常的丰富性和开拓性的方法。他并不一一列举儿童在推理方面的缺陷(与成人相比较),而是把重点放在儿童的思维特点上,放在儿童具有的东西而不是儿童缺乏的东西上。通过这些积极的探索,

---

① 本章是维果茨基为皮亚杰的头两本著作俄文版所写的序言,这里以缩略形式刊载[高雪达特(Gosizdat),莫斯科(Moscow),1932 年]。维果茨基的批判是针对皮亚杰的早期研究,而不适用于皮亚杰后来的一些理论阐述。

他证明儿童与成人之间的差异表现在质的方面而不是量的方面。

如同其他许多伟大的发现一样,皮亚杰的思想似乎是不言而喻的。这在卢梭(J. J. Rousseau)的话里已经得到反映。对此,皮亚杰本人曾引证道,儿童不是成人的雏型,而且儿童的心理从一定程度上说也不是成人的心理。为论证这一事实,皮亚杰提供了实验的证据。而且,在这一事实的后面,还存在着另外一种简单的思想,那便是进化(evolution)的思想,这种思想使皮亚杰的所有研究更显辉煌。

然而,尽管皮亚杰的思想有上述各种辉煌之处,可是他的研究受到了当代心理学中一切开创性工作所共有的二元性(duality)影响。这种分裂现象(cleavage)是与心理学发展成真正意义上的科学时所经历的危机相伴随的。所谓的危机来自科学的事实材料与其方法论和理论前提之间的尖锐矛盾,这种矛盾一直是唯物主义世界观和唯心主义世界观(materialistic and idealistic world conception)之间的争论课题。诸如此类的论争在心理学中要比在其他任何学科中更为尖锐。

如果我们缺乏一种把一切可用的心理学知识综合起来的为人们所普遍接受的体系,那么任何重要事实的发现必然导致一种新理论的创立,以便符合新发现的事实。弗洛伊德(S. Freud)、列维-布鲁尔(L. Levy-Bruhl)、布隆德尔(C. Blondel),每人都创建了自己的心理学体系。这些理论结构之间的不一致反映出盛行的二元性,形而上学(metaphysical)的唯心主义色彩,以及作为形而上学的唯心主义基础的经验主义。在现代心理学领域,每天都有伟大的发现,只是这些发现被包裹在特定的

理论中,而这些理论则是前科学的(prescientific)和半形而上学的(semi-metaphysical)。

皮亚杰试图通过坚持事实来摆脱这种致命的二元性。他甚至在自己的研究领域里也有意回避类化(generalizing),并且特别小心地避免进入相关的逻辑学领域、认识论(theory of cognition)领域,或者哲学历史领域。纯粹的经验主义(pureempiricism)在他看来似乎是唯一安全的场所。他在其著作中写道:

> 首要的是收集各种事实和文献。把各章联系起来的纽带是一种能提供各种各样发现的单一方法——而不是那些系统讲解的方法(29,p.1)。

确实,他的特长在于发掘新事实,对这些事实予以艰苦的分析,把它们分门别类——正如克拉帕雷德(E. Claparede)所指出的那样,这是一种注视这些新事实的信息的能力。各种各样的事实,不论大的事实还是小的事实,不论是开辟了新前景的事实还是为先前的知识提供补充的事实,在皮亚杰的著作中以排山倒海之势蜂拥而至,集中于论述儿童心理学。他的临床方法(clinical method)被证明是一种实际上无法估价的工具,用以研究儿童思维在其演化过程中的复杂的整体结构。这一临床方法统一了他的各种调查研究,并为我们提供了紧凑的、详尽的、活生生的儿童思维图景。

新事实和新方法引发了许多问题,有些问题对于科学心理学来说完全是新的,其他一些问题则以新的启示形式出现。这些问题产生了理论,尽管皮亚杰希望通过他所紧紧追随的一些实验事实来避开理论,并且不顾当时所选择的这些实验本身也是由假设决定的。然而,事实总是依据某种理论来考察的,而且无法把它从哲学中解脱出来。这在涉及思维的事实方面尤其正确。为了找到能够开启皮亚杰极其丰富的数据库的钥匙,我们必须首先探索在他寻求事实的后面的哲学思想——以及在对这些事实所作解释的后面的哲学思想,这种解释他只在其第二本著作结尾处以内容摘要的形式加以提出。

皮亚杰对于他观察到的儿童思维的一切特征(traits)提出了客观的相互联系(interrelatedness)的问题,借以对这一任务进行探讨。这些特征是否是偶然发生的和独立的?这些特征是否以其自身的逻辑,围绕某个中心的、统一的事实而形成一种有条不紊的整体?皮亚杰认为它们确实如此。在回答这一问题时,他从事实转向理论,并顺便提及他对事实的分析受到了理论的多么大的影响,尽管在他的描述中理论经常追随着发现之物。

按照皮亚杰的观点,把儿童的一切逻辑特征联系起来的纽带是儿童思维的自我中心主义(egocentrism)。他把他发现的其他一切特征[例如智力现实主义(intellectual realism),语言上两个以上不同变化形式的结合,以及在理解关系方面发生的困难]与该核心特征相联系。他把自我中心主义描述成在遗传上、结构上和功能上处于我向思考(autistic thought)和定向思考(directed thought)之间的中间位置。

这种定向思考和非定向思考(undirected thought)的极性(polarity)概念是从精神分析理论(psychoanalytical theory)中借鉴而来的。皮亚杰说:

> 定向思考是有意识的,也就是说,它追求存在于思考者

心目中的目标。它是有智慧的,也就是说,它适应现实并努力影响现实。它容易受到真理的影响,也容易受到谬误的影响……而且它可以通过语言进行交流。我向思考则是下意识(subconscious)的,也即它所追求的目标和它所解决的问题本身都不存在于意识之中。它不适应外部现实,但却为其自身创造了一种想象或梦幻的现实。它并不倾向于去确立一些事实,而是意欲去满足愿望,保持严格的个体化,而且借助语言的手段无法进行交流,这是因为它主要采取意象(images)形式进行运算(operation)。鉴此,为了进行交流,它必须求助于兜圈子说话的方式,通过象征(symbols)和虚构的手法,以激发引起我向思考的感情(29. pp. 59~60)。

定向思考是社会性的。随着定向思考的发展,它会逐渐受到经验规律和逻辑本身规律不断增长的影响。我向思考则与之相反,它是个体性的,并遵循着一组它自身所特有的规律。
在这两种互相对照的思考方式之间

根据它们的可交流性程度,存在许多种类。这些中介的种类必须遵循一种特定的逻辑,它们也是介于我向思考的逻辑和智力的逻辑之间的中间之物。我们建议把这些中介形式的主要参与者称做自我中心思维(egocentric thought)(29,p.62)。

尽管它的主要功能(function)仍然是满足个人的需要,但它却已经包含了某种精神的适应性.具有典型的成人思维的某种现实方向。儿童的自我中心思维"介于严格意义上讲的我向思考和社会化思考之间"(30,p.276)。这是皮亚杰的基本假设。

皮亚杰的研究工作始终强调自我中心思维与我向思考共同具有的特征,而不是那些把自我中心思维与我向思考区分开来的特征。在他的著作的结尾处,他着重声明:"无论怎么说,游戏是自我中心思考的最高规则。"(30,p.323)同样的倾向在他处理概念混合(syncretism)的过程中也予以专门宣布,即便他注意到概念混合思维的机制代表了从梦幻逻辑向思维逻辑的过渡。

皮亚杰认为自我中心主义既在结构上和功能上,又在按年月顺序编排上(chronologically)处于极端的我向思考和推理逻辑两者之间。他的思维发展概念建立在以精神分析为前提的基础之上,认为儿童的思维原先自然是我向思考的,只有在长期的持续的社会压力之下才转变成现实主义的思维。但是,皮亚杰指出,这并不降低儿童智力的价值。"逻辑活动并非都是属于智力的"(30,p.267)。想象对于找出问题的解决办法是重要的,但它并不满足检验和证明的需要,而探索真理却以此为先决条件。检验我们思维的需要——也即逻辑活动的需要——只是在晚些时候才发生。这种延迟是预料之中的,皮亚杰说,因为思维开始为直接满足服务的时间比寻求真理的时间要早得多;最自发的思维形式是游戏,或者是使欲望得以获取的一种痴心妄想。儿童到了7岁或8岁时,游戏在儿童思维中的支配地位达到这样的程度,以至于很难把有意创造和胡思乱想区别开来,而儿童总是把这种胡思乱想当做真实的。

总之,我向思考被看做是思维的原始的、最早的形式;逻辑

出现得相对晚一些;而自我中心思维是介于它们两者之间的发生环节(genetic link)。

这一概念,尽管从未以紧凑的、系统的形式由皮亚杰提出过,却是皮亚杰整个理论大厦的基石。确实,皮亚杰不止一次地声称,有关这种儿童思维中介性质(intermediate nature)的假设是纯属有前提的,但是他也指出这种假设如此接近常识,以至于似乎与儿童自我中心主义的事实本身一样是极少可以争论的。他将自我中心主义追踪至儿童的实际活动性质,追踪至社会态度的后来发展。

显然,从发生的角度看,人们必须从儿童的活动开始来了解儿童的思维;而儿童的活动毫无疑问是自我中心的和利己主义的。以界定的形式来表示的社会本能是后来才发展起来的。这方面的第一个关键时期出现在7岁或8岁(30,p.276)。

在此年龄之前,皮亚杰倾向于把自我中心主义看做是完全普遍的。至于儿童的逻辑及其丰富的表现,皮亚杰认为是直接地或间接地自我中心的。对于概念混合这一自我中心主义的重要表现,皮亚杰毫不含糊地说它渗透在儿童的整个思维中间,既表现在言语领域,也表现在知觉领域。在7岁或8岁以后,当社会化思维开始形成时,自我中心的特征并不突然消失。它们在儿童的知觉运算(perceptual operations)中消失,不过在纯粹言语思维的更为抽象的领域里仍然具体地保持着。

皮亚杰关于儿童时期盛行自我中心主义的概念导致他得出这样的结论:思维的自我中心主义与儿童的心理本质如此密切

地相关,以至于它不受经验的影响。成人对儿童施加的影响并不像印在摄影底片上那样铭刻在他心上:它们是"被同化了的"(assimilated),也就是说,通过儿童自身的生活而变形(deformed),然后牢牢树立在儿童的体内。正是儿童的这种心理实质,或者用其他的话来说,正是这种对儿童思维来说特定的结构和作用,是我们努力加以描述的,而且在某种程度上说是需要加以解释的(30,p.338)。

这段文字集中体现了皮亚杰基本假设的本质,并给我们带来了心理发展中社会的和生物的一致性的普遍问题,对于这个问题,我们将在第三部分中回过头来予以讨论。首先,让我们根据作为儿童自我中心主义基础的那些事实来考察皮亚杰儿童中心主义概念的合理性。

2

由于皮亚杰的儿童自我中心主义概念在他的理论中具有极端的重要性,因此我们必须询问哪些事实导致他不仅把儿童中心主义作为一种假设,而且对儿童中心主义予以如此巨大的关注。然后,我们将通过把这些事实与我们自己的实验结果相比较来对这些事实进行检验。

皮亚杰信以为真的事实根据是由他对儿童语言的调查而得到的。他的系统观察使他得出以下的结论:儿童的一切对话都可以分为两组,也即自我中心的和社会化的。两者之间的差别主要在于它们的功能。在自我中心的言语中,儿童只谈论他自

己,对他的对话者不感到任何兴趣;儿童并不设法交流,不期望任何回答,而且甚至往往不关心是否有人在听他讲话。这有点类似于戏剧中的独白。可以这样说,儿童对于他正在做的无论什么事给予大声的思考,这种大声的思考是与儿童正在做的无论什么事相伴随的。至于在社会化言语中,儿童确实试图与他人进行交流——他乞求、吩咐、威胁、传递信息、提问等。

皮亚杰的实验表明,学前儿童的大部分谈话是属于自我中心的。他还发现,儿童在他们 7 岁时的全部录音谈话中的 44%~47%从本质上说是属于自我中心的。皮亚杰认为,这个数字在更加年幼的孩子中间一定具有更大的比例。对于 6~7 岁的儿童的进一步调查证明,即便在这个年龄上的社会化言语也没有完全摆脱自我中心思维。此外,儿童除了已经表达的思维之外,还有大量没有表达的思维。按照皮亚杰的观点,在这些思维中,有些思维之所以不予表达,恰恰是因为它们是自我中心的,也即不可交流的。为了把这些思维传递给其他人,儿童必须能够采纳他人的观点。"人们可以说,即使当成人独自一人时,他也会常常进行社会性的思考,但是 7 岁以下的儿童却自我中心的思考和说话,甚至在与其他人进行社交时也是如此"(29, p.56)。因此,自我中心思考的系数(coefficient)肯定高于自我中心言语的系数。然而,这是关于言语的数据,它是可以测量的,它提供了文献证据(documentary proof),皮亚杰的儿童自我中心主义概念就建立在这种文献证据的基础之上。他对自我中心言语的解释和对儿童自我中心主义的解释一般说来是一致的。

首先,在 7 岁或 8 岁以下的儿童中间不存在持续的社会生活；其次，儿童的真正社会化语言，也即儿童在其基本活动中使用的语言——游戏中的语言，是一种手势、动作以及像言语一样的模仿性语言（29，p.56）。

当儿童到达 7 岁或 8 岁时，与其他人一起工作的欲望得以显示，而自我中心的交谈却隐退了。

皮亚杰在描述自我中心言语及其发展的命运时，强调指出它在儿童的行为中并未体现从现实主义角度讲有用的功能，而且它随着儿童接近学龄便干脆消退了。可是，我们自己的实验却提示了一种不同的概念。我们认为，自我中心言语在儿童活动中很早便发挥了十分明确和重要的功能。

为了确定究竟是什么原因引起自我中心的交谈，是什么环境激起了自我中心的交谈，我们按照与皮亚杰十分相同的方法组织了儿童的活动，但是我们加上了一连串挫折和困难。例如，当一名儿童正在准备画图时，他突然发现没有纸张，或者没有任何他所需要的颜色笔。换句话说，通过在儿童的自由活动中设置障碍来使儿童面临一些问题①。

我们发现，在这些困难的情境中，自我中心言语的系数差不多增加了一倍，这是与皮亚杰实验中同龄孩子的正常数字相比较而得出的，也是与我们自己的实验中孩子们没有面临这些问题时的数据相比较而得出的。孩子会设法控制这一情境，并采取补救办法。他会这样对自己说："铅笔在哪儿？我需要一枝蓝铅笔。但是不要紧，我可以用红铅笔画，然后用水把画弄湿，

---

① 有关该实验的其他方面可以参见第七章。

使它变得颜色深些,看上去就像蓝色了。"

在没有任何阻碍的同样活动中,我们的自我中心交谈系数甚至比皮亚杰的自我中心交谈系数稍稍低些。因此,可以合理地作出这样的假设,在平稳的活动流程中,一种干扰性破坏对于自我中心言语来说是一个重要刺激。这一发现符合皮亚杰本人在其书中多次提到过的两个前提。其中一个前提是所谓觉知律(law of awareness),它声称在自动活动(automatic activity)中,一种阻碍或干扰会使活动者觉知到那个活动。另一个前提是,言语是对那个开始觉知的过程的一种表述。

我们的发现表明,自我中心言语并不仅仅作为儿童活动的一种伴随物。除了成为一种表述手段和一种解除紧张的手段以外,它在特定意义上很快成为一种思维工具——在寻求和规划问题解决方面很快成为一种思维工具。在我们的实验中,曾发生过一个意外事件,它充分说明自我中心言语可能在某种程度上改变一项活动的进程:一名5.5岁的儿童正在画一辆市内有轨电车,恰逢这时他的铅笔头断了。然而,他尝试画一个轮子的圆圈,他用力揿铅笔,但是纸上没有显示出任何东西来,只有深深的没有颜色的一条线痕。这时儿童自言自语地说:"铅笔断了",便把铅笔丢在一边,随手拿起水彩,并开始画一辆出了交通事故后的破电车,并不时地自言自语讲他图画中发生的变化。在这名儿童身上,意外地引起的自我中心言语如此明显地影响他的活动,以至于不可能仅仅把它误认为是一种副产品,或者是一种不干扰主旋律的伴奏。我们的实验表明,在活动和自我中心交谈的相互联系中,有着高度复杂的变化。我们观察到自我中心言语如何在开始时标志着一项活动的结局或转折点,然后逐步朝中间转移,最后到达活动的开始部分,体现出指导性的、计划性的功能,并把儿童的行为提高到有目的行为的水平。这里发生的事类似于图画命名中众所周知的发展序列(developmental sequence)。一名幼童先画图,然后决定他已经画的是什么东西;稍大一点的儿童,当图画画到一半时才给他的图画取名;而年龄再大一点的儿童,便能发展到先决定画什么然后再动手画。

对自我中心言语的功能来说,它的修正概念也一定会影响到我们概念的稍后命运,而且一定会带来学龄期自我中心言语消失的问题。实验可能会产生间接的证据,但是对于这种消失的原因却无法提供结论性的答案。不过,已经获得的数据强烈地提示了这种假设,即自我中心言语在从有声言语过渡到内部言语的演化过程中是一个过渡阶段。当面临障碍时,年龄稍大一点的儿童在我们的实验中所表现出来的行为不同于年龄较小的儿童。年龄稍大一点的儿童往往默不作声地对情境进行考察,然后找出解决办法。当儿童被问到他正在思考什么东西时,他所给出的答案相当接近于学前儿童的大声思考。这一情况表明,学前儿童通过自我中心言语实施的同样的心理运算已经让位于学龄儿童的无声的内部言语。

当然,在皮亚杰方面,不存在这种效应,他坚信自我中心言语完全消亡。在皮亚杰的研究中,对于儿童的内部言语的发展极少进行专门的阐释。但是,由于内部言语和有声的自我中心言语完成了同样的功能,这就意味着,如果真像皮亚杰坚持认为的那样,即自我中心言语发生在社会化言语之前,那么内部言语也必须发生在社会化言语之前——这是从发生学观点看站不住

脚的假设。

成人的内部言语代表他的"自我思考"(thinking for himself),而不是代表社会适应(social adaption);也即它具有和儿童的自我中心言语同样的功能。它还具有同样的结构特征:没有上下文的联系,对于其他人来说将是不可理解的,因为它省略了对"说话者"来说十分明显的应该"提及"的东西。这些相似性促使我们提出这样的假设:当自我中心言语消失时,它并没有简单地隐退,而是"转入地下",也即转变成了内部言语。我们观察到,在儿童这个年龄,当这种转变发生时,面临困难的儿童们便可能一会儿求助于自我中心言语,一会儿求助于沉默反应,表明这两者在功能上可以是相等的。我们的假设是,内部言语的过程几乎在学龄开始时便得到发展并变得稳定,而且引起了在那个阶段观察到的自我中心言语的迅速减弱。

尽管我们的发现在范围上较为局限,但是我们相信这些发现有助于人们用一种新的更为拓展的眼光了解言语和思维发展的一般方向。在皮亚杰看来,这两个功能遵循一条共同的道路,即从我向思考言语过渡到社会化言语,从主观的胡思乱想过渡到关系的逻辑性。在这种变化过程中,成人的影响随着儿童的心理过程而变形,但是最终成人的影响还是彻底地赢了。对皮亚杰来说,思维的发展是极为亲密的、个人的、我向思考的心理状态逐步社会化的过程。甚至,社会化言语也被描述成伴随自我中心言语而发生,而不是在自我中心言语之前发生。

我们提出的假设颠倒了这个过程。让我们观察一下在一个短暂间歇期间内思维发展的方向,从出现自我中心言语到这种自我中心言语的消失,其范围在作为一个整体的语言发展的框架内。

我们认为,整个发展遵循以下的路线:言语的主要功能(不论是儿童的还是成人的)是交流,也即社会性接触。因此,儿童的最初言语基本上是社会的。起先,它是混合的和多功能的(global and multi-functional);后来它的功能开始分化。到达某个年龄时,儿童的社会性言语十分明显地分成自我中心的言语和交流的言语[我们倾向于用"交流的"(communicative)术语来代表皮亚杰称之为"社会化的"(socialized)言语形式,虽然它在成为社会言语之前曾经是其他某种东西。从我们的观点来看,这两种形式,即交流的和自我中心的,都是社会性的,尽管它们的功能有所区别]。当儿童将社会的、合作的行为形式迁入个人内部的心理功能时,自我中心言语便发生了。儿童将以前属于社会方面的行为模式迁移入他的内部过程中去的倾向,对于皮亚杰来说是相当熟悉的。他用另一种方式描述了儿童之间的争论如何引起逻辑反射(logical reflection)的开始。我们认为,当儿童像他与其他人交谈一样开始与自己交谈时,便会发生一些类似的事情。当环境迫使他停下来并思考时,他很可能大声地思考。自我中心言语从一般的社会言语中分裂出来,及时地导致内部言语,这种内部言语既服务于我向思考又服务于逻辑思维。

作为一种独立的语言形式,自我中心言语在从有声言语过渡到内部言语的过程中是极其重要的发生环节,它是介于有声言语和部分有声言语最终转变成内部言语的功能分化(differentiation of functions)之间的中间阶段。正是自我中心言语的这种过渡作用,使它具有如此巨大的理论价值。根据我们关于

自我中心言语的作用的解释,整个言语发展概念极为不同。因此,我们的发展图式(schema)(首先是社会的,然后是自我中心的,再接下来是内部言语)既与传统的行为主义者(behaviorist)图式(有声言语、窃窃私语、内部言语)相对照,而且也与皮亚杰的序列相对照,因为皮亚杰的序列是从非言语我向思考通过自我中心思考和自我中心言语到达社会化言语和逻辑思维。在我们的概念中,思维发展的真正方向不是从个人思维向社会思维发展,而是从社会思维向个人思维发展。

3

就目前的研究范围而言,要对皮亚杰的智力发展(intellectual development)理论的一切方面作出评价是不可能的;我们的兴趣集中在皮亚杰关于语言和思维发展关系中自我中心主义的作用的概念方面。可是,我们也将简要地指出在皮亚杰的那些基本理论和方法论假设中我们认为存在错误的东西,同时也将指出他在解释儿童思维的特性方面未能加以考虑的一些事实。

现代心理学在一般方面,儿童心理学在特定方面,都显示了将心理问题和哲学问题结合起来的倾向。德国心理学家阿赫(N. Ach)的一次会议演讲题目恰当地总结了这种倾向,他在会议结束时所作的评论中说,"不过,那是实验哲学(experimental philosophy)!"确实,在儿童思维的复杂领域中,许多问题既与认识论相互交叉,也与理论逻辑学和其他哲学分支相互交叉。皮亚杰一次又一次地漫不经心地接触这些问题,但是他极力克制自己，结果放弃了这些问题。尽管他的意图是避免形成理论，但他仍未能成功地将他的研究保持在纯粹真实的科学范围以内。有意回避哲学本身就是一种哲学，而且是一种可能使它的许多支持者卷入诸多矛盾的哲学。这方面的一个例子，便是皮亚杰对于科学中因果解释的地位的看法。

皮亚杰在阐释他的研究发现时试图不考虑因果问题。这样做便危险地接近了他所谓儿童方面的"前因果关系"(precausality)，尽管他本人可能把他这种避而不谈因果问题的做法看做是一个不落俗套的"超因果"(supracausal)阶段，在这个阶段中因果关系的概念已经超越发展。皮亚杰建议，我们可以根据短暂序列作出的发生分析(genetic analysis)来取代根据因果关系作出的现象解释(explanation of phenomena)，也可以根据数学方法构想出来的现象的功能性相互依存(functional inter dependence)的公式来取代根据因果关系作出的现象解释。在 A 和 B 这两种相互依存的现象的情形中，A 可能被看做是 B 的一种功能，或者 B 被看做是 A 的一种功能。研究者保留了此时此刻用最符合他目的的方式把数据描述组织起来的权利，尽管他对早期的发展现象通常予以优先的地位，因为这些现象从发生的意义上说更容易解释。

由于把功能的解释取代因果的解释，结果使发展的概念丧失了真正的内容，虽然皮亚杰在讨论生物因素和社会因素时承认，研究心理发展的学生应该义不容辞地解释这两种因素之间的关系，而不应该去忽视它们，他的解决办法如下：

但是，开始时，有必要选择一种习语(idiom)而不是其

他习语。我们已经选择了社会学习语,可是我们强调指出,对此不存在排他的可能——我们保留对儿童思维进行生物解释的权利,并将我们正在此处进行的描述翻译成它的术语(30,p.266)。

确实,这使皮亚杰的整个方法成为一个纯属任意选择的问题了。

皮亚杰理论的基本框架有赖于两种对立形式的心理作用的发生序列的假设,精神分析的理论把这两种对立形式的精神作用描绘成享乐原则(pleasure principle)和现实原则(reality principle)。

根据我们的观点,满足需要的内驱力(drive)和适应现实的内驱力不能被看做是彼此分离和相互对立的。只有通过对现实的某种适应(adaptation),才可能真正满足某种需要。此外,不存在这种为适应的缘故而适应的事情;适应始终是受需要支配的。可是,这一不言而喻的事情却被皮亚杰莫明其妙地忽略了。

皮亚杰不仅在享乐原则发生于现实原则之前这个站不住脚的概念上与弗洛伊德具有相同的观点,而且在把享乐的欲望从它隶属于生物学上重要的附属因素的地位提高到独立的必不可少的力量地位[也即心理发展始动(prime mover)地位]这种形而上学的方法上也与弗洛伊德具有相同的观点。一旦皮亚杰将需要和享乐从现实适应中分离出来,逻辑便迫使皮亚杰把现实主义思维作为一种与具体需要、兴趣和愿望相分离的思维提出来,也即作为一种"纯思维"(pure thinking)提出来,这种思维的功能是专门为它自己的缘故而寻求真理。

根据我们的观点,我向思考——在皮亚杰的图式中处于现实主义思维的对立面——是一种后来发展的思维,是现实思维的结果,而且是它的必然结果,即用概念进行思维。它导致了在某种程度上脱离现实的自主性(autonomy),从而容许满足在生活中无法实现的一些胡思乱想。这种我向思考概念与布洛伊勒(E. Bleuler)的概念完全一致(3)。我向思考是各种思维功能分化和极化(polarization)的结果之一。

我们的实验还把另一个迄今为止人们所忽视的重要问题推到了面前:这便是在儿童思维过程的发展中儿童活动的作用。我们已经看到,自我中心言语并非中止于真空状态,而是与儿童处理现实世界的实际直接相联系。我们还看到,自我中心言语作为一个组成部分进入了推理活动的过程之中,而且可以说开始是从儿童有目的的活动中表现出智慧;然后,随着儿童的活动渐趋复杂,自我中心言语在问题解决和计划中日益发生作用。这一过程被儿童的活动启动起来;他对物体的处理意味着他的思维过程的实现和形成。

根据这些事实,皮亚杰的结论要求我们去澄清两个重要的论点。第一,由皮亚杰论述的儿童思维特征,例如概念混合,并没有如皮亚杰认为的那样扩展到如此大的范围。我们倾向于认为(我们的实验也为我们证实了这一点),儿童对不了解或未曾经历过的一些问题往往产生概念混合的想法,但是,他对于熟悉的事物或者通过实际的检验容易解决的问题,往往并不求助于概念混合的思维方式——而且这些事物的数量有赖于教育方法。再者,就概念混合的本身而言,我们期望着去发现后继因果概念的某些先驱因素,这些后继的因果概念是皮亚杰本人附带提到的。概念混合的图式本身(尽管有些起伏不定)引导儿童逐

步朝着适应的方向发展;它们的作用不可低估。这些概念混合图式或迟或早会通过严格的选择、还原(reduction)和相互适应,在运用假设的领域里被磨炼成优良的调查工具。

第二个要求重新评价和限制的论点是皮亚杰的发现对儿童的可行性。他的实验使他相信儿童是不受经验影响的。皮亚杰提出了一种类比,对我们的发现颇有启发:他说,原始的人类仅仅在一些特殊的、有限的实践活动中向经验学习——而且,他把一些罕见的例子,如农业、狩猎和制造东西,作为例证加以引用。

但是,这种与现实短暂的、部分的接触并不影响他思维的一般倾向。同样,对儿童来说更是如此(30,pp. 268~269)。

原始人类中的农业和狩猎是与现实的接触,我们不应忽略这些接触,因为这些接触实际上是原始人类的全部生活方式。皮亚杰的观点对于他所研究的那组特殊的儿童可能是正确的,但是,它并不具有普遍意义。他本人告诉我们他在儿童中间观察到的独特的思维品质的原因。

> 实际上,儿童从不真正地与事物接触,因为他并不劳动。他玩弄东西,或者想当然地看待这些东西(30,p. 269)。

皮亚杰确立的发展的一致性(developmental uniformities),在皮亚杰的研究条件下用于特定的社会环境。这些发展的一致性并非自然法则,但却是历史地和社会地确定了的。皮亚杰由于未能充分地考虑社会情境和社会环境的重要性而受到了斯特恩(W. Stern)的批评。儿童的交谈究竟是以自我中心为主还是以社交化为主,不仅有赖于他的年龄,而且有赖于环境条件。皮亚杰在一所特殊的幼儿园里观察儿童的玩耍,因而他的系数只在这种特定的儿童环境里才是有效的。当儿童的活动完全由游戏构成时,往往伴随着广泛的自言自语。斯特恩指出,在一所德国幼儿园内,由于有着更多的小组活动,因此自我中心主义的系数就较低;而在家里,孩子们的言语从很小的年龄起就倾向于社会化占主要地位了。如果德国儿童的情况确是这样的话,那么苏联儿童和皮亚杰在日内瓦(Geneva)幼儿园里的儿童之间的差别一定会更加明显。皮亚杰在他的著作俄文版前言中承认,有必要对不同社会背景的儿童行为加以比较,以便能够在他们的思维中把社会思维与个人思维区别开来。鉴于这个原因,他欢迎与苏联心理学家们合作。我们也深信,对来自不同社会环境的儿童的思维发展进行研究,尤其是对那些和皮亚杰研究的儿童有所不同的儿童进行研究(这些儿童是劳动的),这样的研究一定会产生一些研究结果,这些研究结果将有助于形成具有更为广泛的应用范围的定律。

第三章

斯特恩的语言发展理论

　　W. 斯特恩(W. Stern)的理论体系是他的儿童言语发展的理智(intellectualistic)概念,这个概念十分著名,而且多年来实际上已经得到了进一步的发展。然而,恰恰又是这个概念明白无误地反映了斯特恩在哲学上和心理上的个人至上主义(personalism)的局限性和自相矛盾,以及该理论体系的唯心主义基础和科学的失效性。

　　斯特恩本人把他的观点说成是"个人发生论"(personalistic genetic)。我们将在以后对这种个人至上的原理开展讨论。现在让我们先来看一下斯特恩如何探讨发生学问题,并且让我们从一开始就声明,他的理论像所有理智主义理论一样,就其本质来说是反发展的(antidevelopmental)。

　　斯特恩区分了言语的三个根源:表达的倾向(expressive tendency)、社交的倾向(social tendency)和"有意的倾向"(intentional tendency)。虽然前两种言语根源构成了在动物中可以观察到的言语雏形,但第三种言语根源却是人类所独有的。斯特恩在这一意义上给"有意性"(intentionality)下了一个定义,即对某种内容的指向(directedness)或意义(meaning)。斯特恩说,"人类在心理发展的某个阶段获得了当发出声音的时候去意指某种事物的能力,也即去涉及某种客观事物的能力"(38,p.126)。实际上,这些有意的活动已经是思维活动了;它们的出现意味着言语的理智化和客体化(intellectualization and objectification)。

斯特恩与那些代表新的思维心理学的作者们保持一致,虽然比起他们中的一些人来程度上要稍差一些,斯特恩强调逻辑因素(logical factor)在语言发展中的重要性。

我们不想与下面的陈述发生争论,这种陈述认为先进的人类言语(advanced human speech)具有客观意义,而且能够预测思维发展的某个水平。我们也同意必须注重存在于语言和逻辑思维两者之间的紧密关系。麻烦的问题在于,斯特恩把"有意性"这一专门要求作出发生学解释的先进的言语特征(也即这种"有意性"如何在演化过程中形成)看做是言语发展的根源之一,认为它是一种驱动力量(driving force),一种生来就有的倾向,差不多是一种强烈的欲望,无论如何是某种原始的东西,在发生学上与表述的倾向和交流的倾向是同等的东西——所有这些确实在言语刚开始时就被发现了。在以这种方式看待有意性的时候,他用一种理智主义的解释取代了发生学的解释。

这种用需要解释的事物来"解释"一件事物的方法是一切理智主义理论的基本缺点,尤其是斯特恩的理论的基本缺点——因为一般说来它是空洞无物的,并且具有反发生学的性质(属于

先进的言语的特征被降级到言语的开始时期)。斯特恩在回答为什么和如何获得言语意义时说:从有意的倾向中获得意义,也即朝着意义的倾向。这不由得使我们想起法国著名剧作家莫里哀(J. Moliere)的内科医生通过鸦片的安眠特性来解释鸦片的催眠作用。

斯特恩对1.5岁或2岁的儿童进行了研究,并对他的伟大发现予以著名的描述,从中我们可以看到过分强调逻辑可能导致多大程度的夸张。在那个年龄,儿童先是意识到每一件物体都有它永久性的象征(permanent symbol),一种识别它的适宜模式(pattern)——也就是说,每件事物都有个名称。斯特恩相信,进入生命第二年的儿童能够意识到一些象征,并且能够意识到需要这些象征,因此他认为这种发现已经是在特定意义上的思维过程了:

> 了解符号(sign)和儿童开始明白的意义(meaning)之间的关系原则上是与简单地使用声音意象(sound images)、物体意象以及两者的结合有所不同的某种东西。而且,在无论哪种物体中,每一件物体都要有自己的名称,这个要求可以看做是儿童作出的一种真正的概括——可能也是儿童第一次作出这样的概括(40,pp.109~110)。

是否有事实的和理论的根据去假设一名1.5岁或2岁的儿童能意识到语言的象征功能,意识到一个一般的规律和一个一般的概念呢?在过去的20年中,对这一问题所做的一切研究提示了一个否定的答案。

我们所了解的有关1.5岁或2岁儿童在智力方面的各种情

况是与斯特恩的假设，即儿童能够进行复杂的智力运算的假说相抵触的。观察和实验研究都表明，儿童只是在后来的时期里才能掌握符号和意义之间的关系，或者掌握符号的功能性用途；这是明显超越一名 2 岁儿童的能力的。此外，系统的实验研究也已表明，掌握符号和意义之间的关系，以及过渡到用符号进行运算（operation），不会因为儿童的瞬间发现或者瞬间发明而产生。斯特恩认为，儿童是以一次了结的方式发现语言意义的。实际上，这是一个极为复杂的过程，这个过程既有它的"自然史"（natural history）（也就是说，在十分原始的发展水平上它的早期开端和过渡形式），也有它的"文化史"（cultural history）［它具有自己的一系列阶段，自己的量的发展、质的发展以及功能的发展，自己的动力（dynamics）和规律］。

斯特恩无疑忽视了导致符号功能成熟的错综复杂的方式；他关于语言发展的概念被大大简化了。儿童突然发现言语具有意义：言语如何变得有意义的这样一种解释真的值得与语言的有意创造理论、社会接触的理性主义理论以及其他一些著名的理智主义理论相结合。所有这些理论都无视发生学的现实，从而无法对任何事情作出解释。

实际上，斯特恩的理论也未能站得住脚。瓦龙（H. Wallon）、考夫卡（K. Koffka）、皮亚杰、德拉克罗伊克斯（H. Delacroix）和其他许多人在对正常儿童的研究中，以及彪勒（K. Buehler）在对聋哑儿童的研究中，都已经发现：① 儿童发现词与物体之间的联系并不立即使儿童清楚地意识到符号和符号所指对象的象征性关系，这是充分发展了的思维的特征；对于儿童来说，词是物体的一种属性或者一种特征，而不仅仅是一种符号；

儿童先掌握物体—词的外部结构,然后掌握符号—符号所指对象的内部关系。② 儿童作出的发现实际上并不是突然的发现,这种发现的确切时刻是能够被探究的。一系列长时间的和复杂的"分子"(molecular)变化导致言语发展中那个关键时刻的到来。

斯特恩的基本观察是正确的,确实存在那种发现的瞬间,它对粗略的观察来说是有点意外的,这种情况在斯特恩的研究首次发表以来的 20 年间毫无疑问已经得到确认。斯特恩所发现的儿童在语言发展、文化发展和智力发展中的决定性转折点(decisive turning point)确实存在——尽管他用理智主义观点对此作了错误的解释。斯特恩指出了这种关键性变化发生的两个客观征象:开始出现询问物体的名称,从而引起儿童词汇量的急剧增加。这两种情况对于言语发展来说都是十分重要的。

在儿童方面,他积极地搜寻词语,这种情况与动物的"言语"发展毫无相似之处,这预示着儿童言语进程中的一个新阶段。就在此刻,对于儿童来说,从其他一切信号中显现了"壮观的言语信号系统"(signal system of speech)[引自巴甫洛夫(I. pavlov)],并在行为中发挥一种特殊的功能。把这一事实建立在客观征象的基础上,这是斯特恩的伟大成就之一。可是,他对此所作解释的空洞贫乏则是十分令人吃惊的。

其他两种语言的根源,即表述性语言和交流性语言,它们的发展可以从最低等的社会动物追踪到类人猿和人类,与这两种语言根源相对照,"有意的倾向"看来不知出自何方;它既没有历史,也没有任何根源。按照斯特恩的观点,它是基本的、原始的,它"一劳永逸地"自发地冒了出来;它是一种使儿童通过纯粹逻辑运算去发现言语功能的倾向。

可以肯定,斯特恩并没有用如此众多的话语来表述所有这些问题。他参加了一场论战,不仅同反对理智主义理论的支持者们开展争论[后者专门从儿童言语的开始追踪到情感—意动(affective-conative)的过程],而且也同那些过高估计儿童逻辑思维能力的心理学家开展争论。虽然他并没有重复他们的错误,但是,作为言语的起源,也即有意义言语的不可分析的首要原因,斯特恩却赠予了理智一种几乎是形而上学的基本地位,从而犯了一个更为严重的错误。

这种类型的理智主义在智力过程的研究中已证明是特别不合适的。乍一看,它似乎具有合理的应用范围,其实并非如此。例如,人们可能期望,当语言意义被看做是智力运算的一种结果时,言语和思维之间的关系会更清楚地显示出来。实际上,这样一种方法,就像它规定一种已经形成的智力那样作出规定时,阻碍了对思维和言语所涉及的辩证的相互作用的考察。斯特恩对这一基本的语言问题所作的阐述充满了矛盾,而且也是他的著述中最薄弱的部分。

诸如内部言语、内部言语的发生以及内部言语与思维的关系等重要的课题,斯特恩几乎未予接触。他对皮亚杰关于自我中心言语(egocentric speech)的研究结果进行了考察,这种考察也仅仅局限在儿童对话的探讨方面,而忽略了自我中心言语的功能、结构及其发展的意义。不仅如此,斯特恩也未能把思维中复杂的功能性和结构性变化与言语发展联系起来。

甚至当斯特恩为发展现象提供了一种正确的特征以后,他的理论框架仍然阻止他从自己的观察中得出明确的结论。下述

事实在其他任何地方都不会比在这里更为清楚的了,斯特恩未能看到他把儿童的最初言语"翻译"成成人言语的含意。对儿童最初言语的解释是每一种儿童言语理论的试金石;它是现代各种语言理论中一切主要潮流相遇并穿越的焦点。人们可以毫不夸张地说,一种理论的整体结构是由如何翻译儿童的最初言语决定的。

斯特恩认为,儿童的最初言语既不能从纯理智主义的角度进行解释,也不能从纯情感—意动的角度进行解释。他承认墨伊曼(E. Meumann)在反对理智主义理论中的巨大功绩,儿童的最初言语实际上就是这样称呼物体的。然而,他并未与墨伊曼具有同样的假设,即儿童的最初言语不过表述了儿童的情绪和欲望。他对儿童最初言语出现的情况进行了分析,通过这种分析,他十分结论性地证实这些言语还包含了指向一种物体的某种方向,而且这种"客观的提及"或指向功能常常"适度地决定了情绪性语词"(38,p. 183)。

下面是斯特恩如何翻译儿童的最初言语的情况:

> 儿童的"妈妈"被翻译成高级的言语,并不是指"母亲"这个词,而是指一句句子,例如"妈妈,到这儿来",或者"妈妈,给我",或者"妈妈,把我放在椅子里",或者"妈妈,帮帮我"(38,p. 180)。

可是,当我们观察儿童的动作时,很显然,"妈妈"这个词不仅是指"妈妈,把我放在椅子里",而是此时此刻儿童的全部行为表示了这种意思(他的手伸向椅子,尝试去抓椅子,等等)。这里,"情感—意动"的指向是朝着一件物体的(用墨伊曼的术语来说），而且这种"情感—意动"的指向性和言语的"有意倾向"是不可分割的：两者仍然是均衡的整体，因此对"妈妈"的唯一正确的翻译，或者对其他任何最初言语的翻译，是示意性手势（pointing gesture）。言语最初是对手势的惯常替代；它早在儿童的"语言发现"（discovery of language）之前已经出现了，而且在儿童能进行逻辑运算以前就出现了。斯特恩本人承认手势（尤其是示意性手势）在确立最初言语的意义中的媒介作用（mediatory role）。不可避免的结论是，示意性手势实际上是"有意倾向"的预兆。然而，斯特恩则倾向于对那种"有意倾向"进行发生学历史的追踪。对他来说，这种"有意倾向"并不是从示意性动作（手势或最初言语）的情感性物体—指向（object-directedness）那里演化而来——它看来不知来自何方，而且这种"有意倾向"解释了意义产生的原因。

这种同样的反发生学的研究方法也构成了斯特恩在其精辟著述中处理所有其他主要问题的特征。例如，在论述概念的发展，论述言语和思维发展的主要阶段等方面，就有这种特征。除此之外，不可能还有其他东西了：这种方法是斯特恩发展的理论体系，即个人至上主义（personalism）哲学前提的直接结果。

斯特恩试图反抗经验论（empiricism）和先天论（nativism）这两个极端。一方面，他以自己的言语发展观点反对冯特（W. Wundt）的观点，因为冯特把儿童言语看做环境的产物，而儿童自身的参与基本上是被动的；另一方面，斯特恩又反对一些心理学家的观点，因为这些心理学家认为，最初的言语［象声词（onomatopoeia）和所谓的托儿所语言］是无数代儿童们的创造。斯特恩持小心翼翼的态度，既不忽视模仿在言语发展中的作用，也不忽视儿童的自发性活动的作用,并通过把他的"趋同现象"(convergence)概念应用于这些问题而做到了这一点:儿童言语的获得是通过激励儿童讲话的内部机制和外部环境(也即儿童周围人们的言语)的持续不断的相互作用而发生的,这种外部环境为实现这些内部机制既提供了刺激又提供了材料。

对斯特恩来说,趋同现象是一个普遍的原则,可以用来解释一切人类行为。实际上,当我们像歌德(W. Goethe)那样说"科学的言语隐藏了它的实质"时,它是一个很好的例证。"趋同现象"这个响亮的字眼,在这里是指一种完全不可辩驳的方法论原理(也就是说,应当把发展作为一种过程来加以研究,这种过程是由有机体和环境的相互作用所决定的),这样一来,便使作者摆脱了对言语发展中社会的、环境的因素进行分析的任务。虽然斯特恩经常强调说,在言语发展中,社会环境实际上是主要因素,但是,事实是,他把社会环境的作用仅仅限制在加速或减缓发展的速度上面(这种发展遵循它自身固有的规律)。正如我们已经用斯特恩关于意义如何在言语中产生的例子来说明问题那样,实际上他过高地估计了有机体内部因素的作用。

这种偏见是个人至上主义参照框架的直接结果。对斯特恩来说,"人"在心理物理学(psychophysical)上是一个中性的实体(neutral entity),"尽管他的部分功能的复杂性证明了一种统一的、目标指向的活动"(39, p. 16)。这种关于个体的唯心主义的、"单子论"(monadic)的概念自然导致一种理论,这种理论把语言看做扎根于个人的目的论(personal teleology)——从而在斯特恩的方法中对语言发展问题产生了理智主义和反发生学的偏向。当斯特恩的个人至上主义用于言语行为的社会机制时,正像经常发生的那样,忽略了人格(personality)的社会方面,从而导致了明显的荒谬。他的形而上学的人格概念,认为一切发展过程都产生于个人的目的论,结果把人格和语言之间的真正的发生学关系颠倒了过来:我们拥有形而上学的理论,即人格由于具有目标指向的本质而产生了语言,从而取代了语言起着显赫作用的人格本身的发展。

第四章

思维和言语的发生之源

1

通过对思维和言语的发生学(genetic)研究,我们所揭示的最重要的事实就是思维和言语的关系经历了很多变化。思维的进展并不是与言语的进展同步的。它们的两条发展曲线(growth curves)是相交的(cross),而且是不断相交的。这两条曲线可能会变成直线,而且齐头并进,甚至有时会合并成一条线,但是它们总是会分开的。这个规律对种系发生(phylogeny)和个体发生(ontogeny)都是适用的。

在动物身上,言语和思维发生的根源并不相同,各自的发展路线也不相同。这一事实为苛勒(W. Koehler)和耶基斯(R. Yerkes)以及其他人关于类人猿的研究所证实。苛勒的实验证明,在动物身上出现的初期智力(embryonic intellect)——即严格意义上的思维——与言语完全没有什么关系。类人猿会制造和使用工具,也会迂回曲折地找到解决问题的办法。在这一过程中,类人猿所表现出的"创造力"(inventions),虽然只能算作初步的思维,但仍可归属于思维发展的前语言阶段(prelinguistic phase)。

苛勒认为,他的研究证明,黑猩猩有着与人类同样类型的智力行为(intellectual behavior)的开端。由于类人猿没有言语"这个极其有价值的技术助手",缺乏意象(images)"这个最重要的智力材料",所以它和最为原始的人类之间才有明显的区别,致使"黑猩猩连最起码的文化发展也无法达到"(18,pp.191～192)。

心理学界的各个不同流派对苛勒所发现的事实如何作出理论上的解释意见是很不一致的。他的研究成果所引发的大多数评论文章代表着各种不同的观点。更为有意义的是,没有人对苛勒发现的事实表示怀疑,也没有人对他的推论(这个推论特别令我们感兴趣)表示怀疑:黑猩猩的行为并不依赖于言语。甚至连心理学家和内省主义者(introspectionists)都坦率地承认了这一点。心理学家[例如桑代克(E. Thorndike)或博罗夫斯基(V. Borovski)]认为,黑猩猩的行为仅仅反映了本能的(instinct)机制和"尝试—错误"(trial-and-error)的学习,"除了已经为人们所知的习惯形成过程之外,别无其他"(4,p.179)。内省主义者则不想把智力贬低为类人猿最高级的行为。彪勒(K. Buehler)说得十分准确:黑猩猩的行为与言语完全无关;在人类身上,与使用工具有关的思维远不如其他形式的思维同言语和概念的联系来得多。

  如果类人猿不具备语言的基础,也即根本没有类似于言语的东西,那么这个问题或许会十分简单。然而,我们确实在黑猩猩身上发现了比较完善的"语言",就某些方面而言——主要是语音方面——与人类的言语并没有什么不一样。所谓黑猩猩的语言,是脱离其智力而起作用的语言,这就是黑猩猩语言的与众不同之处。苛勒花了多年时间在加纳利岛(Canary Island)类人猿观察站研究黑猩猩。他告诉我们,黑猩猩所发出的言辞只能表示各种欲望和主观心态(subjective states);这些言辞是表达情感的,而不是表示任何"客观"的东西(19, p. 27)。可是,黑猩猩和人类的语音有很多要素(elements)是相同的,因此我们可以自信地认为,虽然黑猩猩没有人类那样的言语,但这并不是由任何外在的原因(peripheral causes)所造成的。

  黑猩猩是非常合群的动物,当别的黑猩猩在它身边的时候,它会作出强烈的反应。苛勒描述了黑猩猩之间多种多样的"语言交际"形式。首先,它们有着一系列丰富的情感性表达(affective expressions):变化脸部表情,打手势,发嗓音。其次,它们能做一些表示社会情绪(social emotions)的动作,例如,表示问候的手势等。类人猿既能"理解"(understanding)相互之间的手势,又能通过手势来"表达"(expressing)与其他动物有关的欲望。如果一头黑猩猩要别的黑猩猩做什么动作或一起做什么动作,它通常自己先做一遍。例如,它若要"邀请"另一头黑猩猩跟着它走,它就会推那黑猩猩一下,并表演走路的起步动作。它若要另一头黑猩猩给它一只香蕉,它就会朝空中抓一下。所有这些动作都是直接与行为本身有关的手势。苛勒曾提到,实验人员也开始使用基本相似的交际方式来把期望类人猿要做的事情传达给它们。

总的来说,这些观察到的情况证实了冯特(W. Wundt)的看法。冯特认为,示意性手势(pointing gestures)是人类言语发展过程中的第一阶段,这一点在动物身上并没有表现出来。但是他指出,类人猿的某些手势是处在从理解性向示意性过渡的某种形式(56,p.219)。我们认为,这个过渡阶段的手势是从纯粹的情感性表达转向客观性语言的很重要的一步。

然而,在动物的各种活动中,没有证据表明动物达到了这个客观表述的阶段。苛勒观察了黑猩猩玩弄彩色黏土时的情形,它先是用嘴唇和舌头来"画画",后来再用真的画笔;但是,这些动物——它们通常会转而模仿使用工具,模仿实验中"认真"习得的其他行为,然后,把这些模仿行为迁移到"现实生活"——在它们的画里根本表达不出它们所要表述的意愿,也没有什么迹象表明它们在表达某些客体的意义。苛勒说:

> 某些事实提醒我们不要过高地估计黑猩猩的行为。我们知道,从来没有游客把大猩猩或黑猩猩错当成人。我们也知道,从来没有人看到过在黑猩猩中有着任何传统的工具或方法,而这些工具或方法,对人类来说,尽管部落之间有所不同,但却标志着代代相传的曾经作出过的发现;在砂岩或陶土上没有刻画什么可被用来当做表示任何东西的图案,甚至连游戏中乱涂乱画的装饰品也没有;没有表述性语言,例如,没有相当于名字那样的声音。把所有这一切联系起来看,一定有某种内在的原因(intrinsic causes)(7,p. 20)。

在对类人猿进行观察的现代学者中,似乎只有耶基斯不用"内在原因"的说法来解释类人猿没有言语的事实。他对黑猩猩的智力所进行的研究获得了与苛勒所进行的研究相类似的资料;可是,在作出结论时,他的说法更进了一步:他承认在黑猩猩身上有"高级观念"(higher ideation)——事实上,这种高级观念处于3岁以下儿童的智力水平(57,p.132)。

耶基斯所说的高级观念是从类人猿和人类行为的表面相似中推断出来的;他没拿出什么客观的证据来证明黑猩猩是靠高级观念,也即靠"意象"(images)来解决问题或寻求刺激的。在研究高等动物时,类比(analogy)方法可以有效地用于客观性的范围,但是将假设建立在类比的基础上,几乎不是科学的方法。

另一方面,苛勒在探究黑猩猩智力过程的本质时,不只使用了类比的方法。他用精确的实验分析(experimental analysis)阐明了动物行为的成功与否取决于它们是否同时看到了一个情境的全部要素——这是动物行为中的决定性因素。尤其是在早期实验中,如果动物在获取栅栏外面水果时所用的枝条被稍微地移动一下,那么它们便无法一眼看到工具(枝条)和目标(水果)的关系,解决这个问题就会变得困难起来,而且通常是不可能的。类人猿能够学会用一根枝条插入另一根枝条的缺口处,以此方法来制成较长的工具。如果两根枝条在它们手中拿着的时候正好是交叉的,呈×状,那么它们就不能完成使工具伸长那种很普通又很熟练的动作。从苛勒进行的许多实验里,我们可以举出很多同样的例子。

苛勒认为,实际地呈现足够简单的情境,是对黑猩猩智力进行研究的必不可少的条件。没有这个条件,它们的智力就无法起作用；他断定，意象（或"观念"）的固有局限性是黑猩猩智力行为的基本特征。如果我们赞同苛勒的论点，那么耶基斯的假设就似乎非常值得怀疑了。

耶基斯对黑猩猩的智力与言语予以实验的和观察的研究，据此，提供了有关黑猩猩语言发展的新材料，提出了用来解释黑猩猩为什么缺乏实际的言语的新理论。他说："在年幼的黑猩猩中，有声反应（vocal reactions）是很常见的，形式也是多种多样的，可是他们并不具有人类意义上的言语。"（58，p.53）它们的发声器官同人类一样完善，功能也一样好。它们所缺乏的只是模仿声音的倾向。它们的模仿几乎完全有赖于视觉的刺激（optical stimulate）；它们能模仿行为，但不能模仿声音。它们难以像鹦鹉那样成功地学舌。

> 如果鹦鹉所具有的富于模仿的倾向同黑猩猩的智力结合起来，那么黑猩猩无疑就会有言语，因为它不仅具有为了实际的言语目的而运用声音的智力类型和水平，而且具有能够与人类媲美的发声机制（voice mechanism）（58，p.53）。

耶基斯在他的实验中曾运用过四种方法来教黑猩猩说话，结果，这些方法无一成功。当然，这样的失败原则上并不说明什么问题。在这种情况下，我们仍然不知道是否有可能教黑猩猩说话。其实，问题出在实验者身上。苛勒认为，如果对黑猩猩的智力所进行的早期研究无法证实它们有智力，这并不是因为它们确实没有，而是因为方法不当，不懂得使黑猩猩智力得以展现的难度有一定的范围，不懂得黑猩猩的智力取决于某种综合的视觉情境。苛勒曾俏皮地说过，"对于智力的调查研究，必须既

检验被试也检验实验者"(18,p.191)。

耶基斯的实验原则上没有解决这个问题,他的实验只是再一次表明类人猿根本没有人类那样的言语,甚至连萌芽状态的人类言语也没有。如果我们把这一结论与我们从其他信息源中得悉的结论联系起来看,我们就会假定类人猿很可能不具有真正的言语。

既然类人猿具有言语所必需的发声器官和音域,那么为什么还不能说话呢?耶基斯认为,原因在于缺乏言语模仿的能力,或者说言语模仿的能力很差。这一点可能是使他的实验产生相反结果的直接原因,但是他错误地认为这是类人猿缺乏言语的根本原因。尽管耶基斯把这一论点视作已经确立的结论,但是我们关于黑猩猩智力所知道的一切情况证明了这种论点纯属谬误。

耶基斯可能有一种检验他的论点的极好方法,由于某种原因,他没有采用这种方法。如果我们有条件的话,我们会很乐意地使用这种方法。在对动物进行语言技能方面的训练时,我们应该排除听觉因素。语言不一定依赖于声音。例如,聋哑人的手势语言,还有唇读方法,这也是通过动作来表述意思的。在原始人的语言里,手势和声音并用,而且起着很重要的作用。原则上,语言并不依赖于语言材料(language material)的性质。如果黑猩猩确实具有获得类似于人类语言那种东西所需的智力,而且问题的症结在于黑猩猩缺乏语言模仿能力,那么黑猩猩应该能够在实验中掌握一些惯用的手势,这些惯用手势所具有的心理机能(psychological function)与惯用的声音所具有的心理机能完全一样。例如,正像耶基斯本人所推测的那样,可以训练黑猩猩用手势，而不是用声音。采用什么手段无关紧要；重要的是信号的功能性用途（functional use of signs），也即像人类言语那样起作用的信号。

这种方法尚未有人试验过，我们无法确定效果会怎么样；但是，根据我们所知的关于黑猩猩行为的一切情况，包括耶基斯的材料在内，已经证明要使黑猩猩学会机能性言语是毫无希望的。没有迹象表明黑猩猩会使用信号，人们也从来没有听说过黑猩猩使用信号的事情。客观地说，我们所知道的并不是黑猩猩具有高级观念，而是在某些条件下它们能够制作简单的工具和求助"迂回"（detours）的方法，这些条件包括一种完全可以看得见的、非常明确的情境。当黑猩猩面临那些并不涉及直接可以感知结构的问题，而是集中于某种别的结构（例如，机械性结构）的问题时，它们的行为就会从顿悟型（insightful type）转变成纯粹的和简单的尝试—错误方法（trial-and-error method）。

对类人猿来说，有效的智力机能所需的条件是否也是发现言语或发现信号的机能性用途所需的条件呢？当然不是。能否发现言语，这在任何情境里都不可能由某种视觉体系所决定。它需要一种不同类别的智力操作（intellectual operation）。在黑猩猩的活动范围里，根本就没有这样的操作迹象存在，因此大多数研究者假定黑猩猩缺乏这种能力。这种缺乏或许就是黑猩猩和人类智力之间的主要区别。

苛勒曾引进"顿悟"（einsicht）这个术语来指黑猩猩能够实施的智力操作。选择这个术语并不是偶然的。考夫卡指出苛勒用这个术语从字面意思上看主要意指"领会"（seeing），一般说来是对各种关系的"领会"，或者与盲目行动相反的领会（17，p.

130)。

必须指出的是,苛勒从来没有给"顿悟"下过定义,也没有详细阐释过它的理论。由于没有理论上的解释,在运用这个术语时就有点含糊不清:有时它意指操作本身的具体特征,也即黑猩猩行为的结构;有时它意指为这些行为作准备的心理过程,也即内部的"操作计划"(plan of operations)。苛勒没有对智力反应的机制(mechanism of the intellectual reaction)提出进一步的假设,但是,很清楚的是,无论这种机制如何发挥作用,无论我们把智力定位在哪里——定位在黑猩猩的本身行为中或定位在某个准备性的内部过程(大脑的或肌肉神经的过程)——这个论点是令人信服的,即决定这种反应的不是记忆痕迹(memory traces),而是视觉上呈现的情境。如果黑猩猩不能有目的地同时或半同时地(quasi-simultaneously)领会工具的话①,对于解决特定的问题来说,即使最好的工具也无济于事。因此,考虑了"顿悟"的问题,不会改变我们的结论,也就是说,即使黑猩猩具有鹦鹉的天赋,也完全不可能成功地获得言语。

可是,正如我们已经说过的那样,黑猩猩具有自己的相当丰富的语言。耶基斯的合作者勒尼德(B. Learned)编辑了一本有32种言语要素或"单词"的词典。这些单词不仅在语音上类似于人类的言语,而且含有某种意义,在某种程度上,它们是由某些情境或物体所引发的,这些情境或物体同愉悦或不快,或激励性的欲望、怨恨、恐惧等有关(58,p.54)。这些"单词"是在类人

---

① 苛勒讲的"半同时的知觉"(quasi-simultaneous perception)是指在片刻同时看到工具和目标,或多次在相同的情境里运用工具和目标,以致在心理上能同时觉知到全部的意图和目的(18,p.39)。

猿等着喂食和吃饭时被记录下来的，或者当类人猿看见人出现时，或者当两只黑猩猩单独在一起时被记录下来的。它们是情感性的发声反应，或多或少是与喂食或其他重要情境有关的刺激相分化的，并且在某种程度上以条件反射的方式与这些刺激联系着：一种完全情绪化的语言。

与这种类人猿言语的描述有关的是，我们应该明白三点：第一，声音的产生与情感性手势相一致（尤其是在黑猩猩非常激动的时候），这种一致性并不局限于类人猿——相反，它在能够发出声音的各种动物身上很常见。人类的言语无疑起源于这种表述性发声反应（expressive vocal reactions）。

第二，在黑猩猩身上产生的丰富的发声反应的情感状态对智力的机能是不利的。苛勒曾多次提到，黑猩猩身上的情绪反应，特别是极度紧张的反应，使智力操作无法同时进行。

第三，必须再一次强调的是，这样的情绪性释放不仅仅是类人猿身上才有的言语机能。如同其他动物和人类的情况一样，它也是一种与同种其他动物进行心理交往的手段。在耶基斯和勒尼德所研究的黑猩猩身上，在苛勒所研究的类人猿身上，都可以明显地看到这种言语的机能。但是它同智力反应无关，也就是说它同思维无关。它起源于情绪，并且很清楚，是全部情绪征象（total emotional syndrome）的一部分，不过是在生理上和心理上满足某一特殊机能的一部分。它与告知或影响其他动物的有目的、有意识的试图是两码事。从本质上来看，它是一种本能的反应（instinctive reaction），或者说是与本能的反应非常接近的某种东西。

毫无疑问，从生物学角度看，这种言语机能是十分古老的，

在发生学上,它同动物群的首领所发出的可见的信号和有声的信号相关联。弗里希(K. V. Frisch)在最近出版的研究蜜蜂语言的报告中描述了非常有趣的、理论上很重要的各种行为方式,这些行为是互相交替或联系的,无疑起源于本能。尽管这些行为表现在形式上有所差异,但是它们基本上是与黑猩猩的言语交往相类似的。这个相似性再一次表明黑猩猩的"交际"并不依赖于任何智力活动。

我们之所以对类人猿语言与智力的各项研究进行分析,目的是想阐明在这些机能的种系发展过程中思维与语言的关系。现在,我们可以归纳出几个结论,它们对于进一步分析这个问题是会很有帮助的:

(1)思维与语言具有不同的发生学根源。

(2)这两个机能沿着不同的路线发展,彼此独立。

(3)它们之间的关系不是明确的和不变的。

(4)类人猿在某些方面(萌芽状态的使用工具)表现出像人类智力那样的东西,而在完全不同的其他方面[言语的语音方面,释放机能(release function),社交机能的开始]则表现出像人类语言那样的东西。

(5)在类人猿身上,没有人类所特有的思维与语言之间非常接近的一致性。

(6)在思维与语言的发展过程中,思维发展有前语言阶段,言语发展有前智力阶段,两者的表现是非常明显的。

2

从个体发生来看,思维与语言发展之间的关系要错综复杂得多;但是这里我们也可以区分出由两个不同的发生学根源派生出来的两种不同的发展路线。

儿童思维发展过程中有一个前言语阶段(prespeech phase),这一点也仅仅是最近有了客观的证据才得到证实。苛勒有关黑猩猩的实验,经过适当的改进,被引入还未学会说话的儿童实验之中。苛勒有时为了进行比较还亲自做儿童实验,彪勒用同样的方式对一名儿童进行了系统的研究。研究结果对儿童和对类人猿来说都是相似的。

彪勒告诉我们,儿童的活动

> 与黑猩猩的活动非常相像,以至于儿童生命中的这个阶段可以很恰当地被称做"黑猩猩期"(chimpanzoid age);在我们的实验被试身上,这个时期相当于10个月、11个月和12个月。……儿童的首次创造发生在这个黑猩猩期——当然是非常初级的创造,但是对于儿童的心理发展是极其重要的(7,p.46)。

如同在黑猩猩的实验中一样,从理论上说,儿童实验中最重要的东西是发现了初期的智力反应并不依赖于言语。彪勒注意到这一点,他说:

> 过去,人们说言语是动物人化(menschwerden)的开

始;也许是这样,不过,在言语之前还有包括运用工具在内的思维,例如对机械关系的理解,以及为了机械的目的而对机械手段的设计,或者,说得更简单点,在有言语之前,活动已经成了主观上有意义的东西——换言之,它是有意识、有目的的(7,p.48)。

人们早就知道,在儿童发展过程中,言语有着前智力的根源。儿童的牙牙学语、哭叫,甚至他说出的最初的词语,很明显是与思维发展毫无关系的言语发展阶段。这些表现被普遍视作是行为的主要情绪形式。然而,并不是所有这些形式都起着释放的机能作用。最近,对儿童行为的最初形式的研究,以及对儿童听到人类发音所作的最初反应的研究[由夏洛特·彪勒(Charlotte Buehler)和她的研究小组所进行的研究],表明言语的社交功能在第一年里(也即在言语发展的前智力阶段)就已经非常明显。对于人类发音所作的十分明确的反应,早在生命的第三周里就可以看到,在第二个月里就可以看到对人类发音首次作出特别的社交反应(5,p.124)。这些研究也证实了哭声、含糊不清的说话声、动作等等都是在儿童生命的最初几个月里就可以看到的社交手段。

因此,我们在种系发生过程中看到的这两种言语机能,在不足1岁的儿童身上已经存在,而且很明显。

可是,最重要的发现是,在2岁左右的某一时刻,思维和言语的发展曲线在分开之前一直相遇并会合在一起以引起一种行为的新形式。斯特恩(W. Stern)对这一重大事件作了最先的也是最好的陈述。他表明征服语言的愿望(will to conquer language)是如何伴随着对言语的目的首次抱有一种模糊的认识而来的,这时儿童"有了他一生中最伟大的发现",也即"每样东西都有自己的名称"(40,p.108)。

这个关键时刻,即言语开始为智力服务,思维开始用言语表达出来的时刻,是由两种明显的客观征象显示出来的:①儿童突然对词语抱有一种主动的好奇心,对每一件新东西都要问"这是什么"。②由此导致的结果是,他的词汇量迅速、飞快地增加。

在这个转折点之前,儿童(像某些动物那样)只认得少量的词,这些词(如同在条件反射中那样)替代着物品、人、行动、状态或欲望。在那个年龄,儿童只知道别人提供给他的词汇。现在,情况起了变化:儿童感到有一种说话的需要,通过提出种种问题,试图主动地学会表示物品的语言符号。他好像已经发现了词语的符号功能。言语在早期是情感—意动的(affective-conative),现在进入了智力阶段。言语和思维发展的两根曲线会合在一起了。

这时,思维与语言的问题就产生了。让我们来花点时间考虑一下儿童在作出他的"伟大发现"时究竟发生了什么,以及斯特恩的解释是否正确。

彪勒和考夫卡都把这一发现与黑猩猩的发明作比较。考夫卡认为,名称一旦为儿童所发现就成了物体的构造部分,正如枝条成了意欲获得水果的那部分情境一样。

我们将在后面讨论这种类比的合理性,因为我们还要考察思维与语言的机能关系和结构关系。这里,我们暂且指出,"儿童的最伟大的发现"只有在思维和言语发展达到了某个相对较高的水平时才有可能。换言之,没有思维活动,言语就不可能被

"发现"。

简单地说,我们可以作出如下结论:

(1) 思维和言语在个体发生的过程中具有不同的根源。

(2) 在儿童的言语发展中,我们能够确证有一个前智力阶段,而在思维发展中,有一个前语言阶段。

(3) 在某个时刻之前,两者沿着不同的路线发展,彼此之间是独立的。

(4) 在某个时刻,这两根曲线会合,因此思维变成了言语的东西,而言语则成了理性的(rational)东西。

3

不论我们怎样探讨颇有争议的思维与语言的关系问题,我们不得不广泛涉及"内部言语"(inner speech)。内部言语在我们所有的思维活动中非常重要,有许多心理学家,华生就是其中之一,甚至把它与思维混为一谈——他们认为思维就是抑制的、无声的言语。可是,心理学仍然不了解言语从外部到内部的变化是如何完成的,也不知道这一变化是在什么年龄、通过怎样的过程来完成的,以及它又是为什么会发生的。

华生说,我们不知道儿童的言语组织(speech organization)在什么时刻从有声转向低语(whispered),然后再转向内部言语,因为这个问题只是附带地被研究。我们自己的研究使我们确信华生错误地提出了这个问题。没有令人信服的理由可以假设,内部言语是通过不断降低言语的可听度(低语),以某种机械的方式发展起来的。

确实,华生提到了另一种可能性。他说:"也许这三种形式是同时发展的"(54,p.322)。这种假设在我们看来似乎像大声言语、低声耳语、内部言语这一顺序那样,从演变发展的观点来看是没有事实根据的。没有客观的材料能进一步证实那样的"也许"。包括华生在内的所有心理学家都承认,外部言语与内部言语之间有着明显的不同,这是对那种"也许"不利的证明。没有理由去假定这两个过程在发生学上是平行的和同步的,因为它们在机能上很不相同[是社交适应(social adaptation)而不是个人适应],在结构上也不相同(内部言语的极度简洁性把言语模式改变得几乎认不出来了)。倘若认为它们是由低声耳语连接起来的,这似乎也不真实(回到了华生的主要论点),因为不论在机能上还是在结构上,低声耳语都不能被看做是外部言语与内部言语之间的转换阶段。它只是从表型(phenotypically)上看而不是从发生型(genothpically)上看是处于两者之间。

我们关于幼儿低语的研究充分证明了这一点。我们发现,从结构上来看,低声耳语与大声说话之间几乎没有什么差别;从机能上来看,低声耳语与内部言语之间有着深刻的区别,甚至表现不出后者独特类型的倾向。此外,低声耳语直到学龄时才自然地发展,虽然它可能很早就被诱发了:在社会的压力下,一个3岁孩子可能会在短时期里作出极大的努力来降低嗓音,也就是低声耳语地说话。这一点看来是支持了华生的观点。

虽然我们不同意华生的观点,但是我们认为他已经找到了正确的研究方法:要解决这个问题,我们必须寻求有声言语与内部言语之间的中介环节(intermediate link)。

皮亚杰描述说,我们在儿童的自我中心言语(egocentric

speech)中可以看到那种环节,它除了有伴随活动的作用,以及表述功能和释放功能的作用之外,还具有策划的功能(planning function),也就是说,它能十分自然和容易地转化为思维。

如果我们的假设被证明是正确的,那么我们就可以下结论说,言语先有心理上的内化(interiorized),再有生理上的内化。自我中心言语就其功能而言是内部的言语;它是向内发展的言语,与儿童对行为的指示有密切的联系,别人已经不能全部理解,但在形式上还是有声的,没有表现出变成低声耳语或几乎无声言语的倾向。

接着,我们也应当对言语为什么会转向内部的问题作出回答。语言转向内部是因为它的功能起了变化。它的发展经历了三个阶段——不是华生所发现的阶段,而是这样几个阶段:外部言语、自我中心言语、内部言语。我们还可以使用一种最佳方法来研究内部言语结构上和机能上的特征在形成过程中的情况;它将是一种客观的方法,因为这些特征出现在言语尚能听到的阶段,也就是说,出现在容易观察和测量的阶段。

我们的研究表明,言语的发展像包括符号运用在内的一切其他的心理运算(mental operations)[如计数或助记记忆(mnemonic memorizing)]的发展一样,遵循着同样的过程和规律。我们发现这些运算大致上有四个发展阶段。第一个阶段是原始的或自然的阶段(primitive or natural stage)。当这些运算以起源的形式出现时,它与前智力的言语和前言语的思维相一致,因为它们是在行为的原始水平上演化的。

第二个阶段我们可以称之为"幼稚的心理"(naive psychology)。它与所谓的"幼稚的物理"(naive physics)相类比——儿童对自己身体和周围事物有了物理特性（physical properties）的经验,把这些经验用于工具使用的方面:儿童首次运用了萌芽状态中的实际智力。

　　这个阶段在儿童的言语发展中是非常明确的。它可以通过儿童在理解逻辑运算（logical operations）之前,就能正确使用语法形式和结构中得到证实。儿童可以用从句（subordinate clauses）来表示事物,在尚未真正掌握原因、条件、时间等关系之前就会用"因为"、"如果"、"当……时候"和"但是"那样的词语。他在掌握思维的句法（syntax of thought）之前已经掌握了言语的句法。皮亚杰的研究证明,语法的发展先于逻辑,而且儿童较迟学会与他们长期使用的言语形式相一致的心理运算。

　　随着幼稚的心理经验的不断积累,儿童进入了第三个阶段。其特征是有了外部符号,这是在解决内部问题时用作辅助手段的外部运算（external operations）。这个阶段就是儿童用手指数数、采用助记辅助手段的阶段。在言语发展过程中,该阶段的特点是自我中心的言语。

　　我们把第四个阶段称做"内部生长"（ingrowth）阶段。外部运算向内转化,在这个过程中经历了深刻的变化。儿童开始用脑子计数,运用"逻辑记忆"（logical memory）,也就是说,运用内在联系和内部的符号来运算。在言语发展过程中,这是内部的、无声的言语的最后阶段。在外部运算和内部运算之间仍然有不断的相互作用,一种形式常常很容易变成另一种形式,然后再变回来。当内部言语被用来为外部言语作准备时,内部言语在形式上可能很接近于外部言语,或者甚至完全变得像外部言语——例如,在认真考虑将要发表的演讲时,内部行为与外部行

为之间没有明显的分界线,各自都影响着对方。

我们在考虑这个发展过程完成之后成人的内部言语功能时,必定会提出这样的问题:在那种情况下,思维和语言的过程是否有必要联系起来,两者是否能等同起来。正如在动物的情形和儿童的情形中那样,我们必须再一次说声"不"。

用图解形式来表示,我们可以想象思维和言语像两个相交的圆圈。在两个圆圈复叠的部分,思维和言语正好同时发生,产生了称做言语思维(verbal thought)的东西。然而,言语思维肯定没有包括思维的所有形式或言语的所有形式。思维中有很大一块领地是与言语没有直接联系的。在使用工具中所表现出的思维就居于这块领地,正如一般情况下实践的智力(practical intellect)所表现的那样。此外,由符茨堡学派的心理学家所从事的研究也表明,即便没有通过自我观察(self-observation)所能测出的单词意象或言语动作,思维也能起作用。最近的实验也证明,内部言语和被试的舌头或喉的动作之间没有直接的联系。

也没有任何心理学的理由可以说明言语活动的一切形式是由思维派生的。如果被试自己默默背诵一首已经背熟的诗,或在心理上复述因实验目的而提供给他的句子,那么,这样的活动可能并不涉及思维加工——尽管华生认为发生过。最后,还有情绪引发的"抒情"言语。虽然它有着言语的一切特征,但是却很难把它归于智力活动(就这个术语的确切意义而言)一类。

由此,我们不得不得出结论:思维与语言的会合,不但在儿童身上而且在成人身上,是一种局限于特定范围的现象。非言语的思维(nonverbal thought)和非智力的言语(non-intellectual speech)并不参与这种合并,只是间接地受到言语思维过程的影响而已。

4

现在,我们可以来小结一下我们的分析结果。开始时,我们试图找到思维和言语的系谱(genealogy),运用了比较心理学(comparative psychology)的资料。这些资料不足以在确定的程度上帮助我们探索类人猿的思维和言语的发展路线。类人猿是否像人类一样具有同样类型的智力,这个基本问题仍然颇有争议。苛勒作了肯定的回答,其他一些人却作了否定的回答。不过,无论这个问题在今后的研究中是否会被解决,有一些是已经很清楚了:在动物的世界里,朝向人类那样的智力来发展的路线并不等同于朝向人类那样的言语来发展的路线;思维和言语并不是由一个根源产生的。

即便那些否认黑猩猩有智力的人,也不能否认类人猿具有某种近似于智力的东西。类人猿所表现出的最高类型的习惯形成是初级的智力。它们会使用工具这一事实预示着它们具有人类的行为。对于马克思主义者(Marxist)来说,苛勒的发现并不令人惊讶。马克思(K. Marx)很早以前就说过,对劳动工具的使用和创造,尽管一些动物种类也能以初级的形式表现出来,但它是人类劳动过程的独特特征。人类智力之源可以追溯至动物领域这个论点,很早就为马克思主义所承认;我们发现,在普列汉诺夫(G. Plekhanov)的著作中有过详尽的阐述。恩格斯(F. Engels)写道,人与动物有着共同的智力活动的一切形式;只是发展的水平不同:动物能在初级水平上进行推理,能够进行分析

(敲开核桃就是一种分析的开始),能够在面临难题或遇到困境时进行试验。有些动物,例如鹦鹉,不但能够学习说话,而且还能够在有限的范围内有意义地运用词语:在乞讨时,它会使用一些词语,以便得到美味食物;在遭到取笑时,它会说出在其词汇中最上乘的辱骂词语。

毫无疑问,恩格斯并没有认为动物具有人类水平的思维和言语能力,但是,我们也不需要在这一点上详尽阐释有关他的论述的确切含义。这里,我们只希望表明没有充分的理由来否认动物身上存在着与人类同样类型的初级思维和语言,这些思维和语言的发展也像人类的思维和语言那样沿着彼此独立的路线行进。动物发声表达的能力并不证明它的智力发展。

让我们再来小结一下最近在儿童研究中得出的至关重要的资料。我们发现在儿童身上,智力的根源和发展过程也不同于言语的根源和发展过程——最初,思维是非言语的,言语是非智力的。斯特恩断言,在某一点上,这两条发展曲线会相交,言语变成理性的,思维成了言语的。儿童"发现""每一样东西都有名称",就开始发问每一样东西称做什么。

有些心理学家不同意斯特恩的下述观点,即认为第一次"发问年龄"会普遍发生,并且成为任何一种重大发现的必要征象。考夫卡的观点介于斯特恩和他的反对者之间。像彪勒一样,他强调黑猩猩发明工具与儿童发现语言的称名功能具有类比的性质,但是他指出儿童的这种发现范围不如斯特恩所假定的那样广泛。考夫卡认为,词语成为物体结构的一部分,同物体结构的其他部分的地位是平等的。有些时候,对儿童来说它并不是一种语言符号,而只是物体中的一个特性,它必须被提供,这样才能使物体结构完整。正如彪勒指出的那样,每一个新物体向孩子提出了一种问题情境(problem situation),他就通过给物体命名来解决这个问题。当他缺乏给新物体命名的词语时,就要求从成人那里得到它(7,p.54)。

我们认为,这种看法最接近真实性。关于儿童的语言的资料(由人类学的研究资料所提供)有力地表明,在很长一段时间里,词语对儿童来说是一种物体的特性,而不是物体的象征;儿童掌握词语—物体(word-object)的外部结构先于掌握内部的象征结构。我们在业已提出的几种假设中选择了这个"折中的"假设,因为我们觉得根据现有的资料很难相信,18个月到2岁的儿童能"发现"言语的象征功能。这种情况以后会发生,不是突然发生而是逐渐发生,通过一系列"分子的"(molecular)变化而发生。我们所取的这个假设符合我们在前一节中所概述的符号掌握的一般发展模式。即使在学龄儿童身上,能功能性地使用一种新符号之前,也有一个掌握该符号的外部结构的阶段。相应的,只有在对作为物体的特性而首先构想出来的词语进行运算的过程中,儿童才会发现和巩固作为符号的这些词语的功能。

这样,斯特恩关于"发现"的论点需要重新评价并加以限制。然而,它的基本原则还是有效的:很清楚,从个体发生的角度来看,思维和言语沿着各自的路线发展,并在某个点上两条路线相交。这个重要的事实现在看来已确定无疑,不论未来的研究会怎样解决心理学家现在还不同意的一些细节问题:这个相交产生在一个点上还是几个点上,是突然发现还是通过实际的运用和漫长的功能变化在长期的准备后发现的,它出现在2岁时还是出现在学龄时。

我们再来小结一下我们关于内部言语的调查研究。这里,我们也考虑到了几种假设,我们得出的结论认为,内部言语是通过功能变化和结构变化的漫长积累过程而发展起来的,我们还认为,内部言语随着言语的社会功能和自我功能的分化(differentiation)同时从儿童的外部言语中分离出来,最后,我们还认为,儿童所掌握的言语结构成为他思维的基本结构。

这使我们看到了另一个无可厚非的重要事实:思维发展受制于语言,也就是说,思维发展是由思维的语言工具和儿童的社会文化经历所决定的。从根本上说,内部言语的发展取决于外部因素;正如皮亚杰的研究所表明的那样,儿童的逻辑发展是他社会化言语(socialized speech)的直接功能。儿童的智力成长取决于(contingent on)他所掌握的思维的社会工具,也就是说取决于语言。

我们现在可以系统地阐述从我们的分析中得出的主要结论。如果我们把言语的早期发展和智力的早期发展——正如我们已经看到的那样,它们在动物身上和在非常年幼的儿童身上是沿着彼此独立的路线发展的——与内部言语的发展和言语思维的发展作比较的话,我们一定会得出结论认为,继后的阶段并不是早期阶段的简单继续。发展本身的性质从生物的方向朝着社会历史的方向变化。言语思维并不是天生的、自然的行为形式,而是由历史文化的过程所决定的,它具有在思维和言语的自然形式中找不到的特性和规律!一旦我们承认言语思维有其历史的特征,我们就会认为它服从于历史唯物主义(historical materialism)的所有前提,这种历史唯物主义对人类社会的任何一种历史现象来说都是有效的。可以预料,在这个水平上,行为的发展本质上是受人类社会历史发展的一般规律所支配的。

　　因此,思维和语言的问题超过了自然科学的界限,成为历史人类心理学(historical human psychology),也即社会心理学的热点问题。所以,必须用不同的方式提出这个问题。从思维和言语的研究中提出的这第二个问题,将成为一个独立研究的课题。

第 五 章

概念形成的实验研究

1

直到最近,研究概念形成(concept formation)的学者由于缺乏一种实验方法[这种实验方法能使他观察概念形成过程的内部动力(inner dynamics)]而身陷困境。

研究概念的传统方法可以分为两类。在第一类中,典型的方法就是所谓的定义法(method of definition),以及它的一些变式(variations)。这种方法通过儿童给业已形成的概念内容下言语定义(verbal definition)来对儿童业已形成的概念进行调查。然而,有两个重要的欠缺使得这种方法不适宜于深入地研究该过程。首先,这种方法处理概念形成中已经完成的产物,从而忽视了概念形成过程本身的动力和发展。这种方法不是去发掘儿童的思维,而是仅仅诱发一种言语知识的再现(reproduction of verbal knowledge),一种对外部提供的现成定义的再现。它是对儿童知识和经验的一种测试,或者说是对儿童的语言发展的一种测试,而不是在真正意义上对一种智力过程的研究。其次,这种方法由于把注意力集中在词语方面,从而未能把儿童对产生概念的感觉材料的心理阐述(mental elaboration)和知觉考虑进去。这种感觉材料和词语都是概念形成中必不可少的部分。把词语单独分离出来进行研究,使得概念形成过程置于纯言语水平上,这不符合儿童思维具有的特征。概念与现实的关系未被探索;一个特定词语的意义(meaning)通过另一个词语得以探讨,而且,不管我们借助这种操作发现了什么,这些被发现的东西与其说是对儿童概念的描述,还不如说是在儿童心中对以前形成的词族(families of words)之间关系的记录。

第二类方法由研究抽象概念的方法组成。它们涉及导致概念形成的心理过程。要求儿童在一系列互不关联的印象中发现某种共同的特征,然后从与之相混的各种其他的特征中提取这些共同的特征。这类方法无视概念形成中由符号(symbol)(词)所起的作用;它是一种用部分过程取代整个过程复杂结构的简化了的安排。

由此可见,在这两种传统方法中,不论哪种方法都把词语和知觉材料分离开来,并对其中的一个或另一个进行操作。随着新方法的创立,使这方面的研究前进了一大步,这种新方法即是把两种传统的方法结合起来。新方法为实验环境引进一些无意义的词(nonsense words),这些词一开始对被试来说是毫无意义的。它也通过使每个无意义的词与物体属性(object attrib-

utes)的特定结合(对于这些物体属性来说,不存在任何现成的概念或词语),从而引起一些人为的概念(artificial concepts)。例如,在阿赫的实验中,"gatsun"这个词意指"大而重";"fal"这个词意指"小而轻"。这种方法既可用于儿童,也可用于成人,因为就被试而言,问题的解决办法不以被试以前的经验或知识为先决条件。这种方法还考虑到,一个概念不是一种孤立的、僵化的、不变的形式,而是智力过程的主动部分,始终参与交流、理解和问题解决。新方法注重于对"概念形成的功能性条件"(functional conditions of concept formation)的研究。

里马特(F. Rimat)实施过一个精心设计的针对青少年概念形成的研究,该研究所使用的方法就是这种新方法的一个变式。他的主要结论是,真正的概念形成超出了处于青春期以前一段时期的(preadolescent)儿童的能力,从而只能从青春期起方才开始概念形成。他写道:

> 我们已经明确地确认,儿童在没有他人帮助的情况下形成概括性的客观概念的能力,只有在12岁左右才显示快速增长……要求儿童在12岁以前就能摆脱知觉,用概念进行思维,这是超出心理可能性的(35,p.112)。

阿赫和里马特的调查驳斥了这样一种观点,即概念形成是以联想性联结(associative connections)为基础的。阿赫指出,联想存在于言语符号和物体之间,尽管多而且强烈,但其本身不足以形成概念。他的实验结果并未证实这一旧观念,即通过最大限度地增强一组物体的共同属性的联想性联结,并减弱这些物体的不同属性的联想,就能使一个概念得以发展。

阿赫的实验表明,概念形成是一种创造性过程,而不是机械的被动过程;一个概念产生和形成于一种复杂操作的过程之中,这种复杂操作的目的在于解决某种问题;而且,仅仅具备有利于词语和物体机械联结的外部条件还不足以产生一个概念。按照他的观点,概念形成中的决定因素是所谓的决定性倾向(determining tendency)。

在阿赫以前,心理学假设了决定我们观念流(flow of ideas)的两种基本倾向:通过联想的再现和保持(perseveration)。第一种倾向是把与以往经验有关联的意象和目前占据心中的意象一并回忆起来的倾向。第二种倾向是使每种意象恢复并重新渗透进意象流(flow of images)的倾向。在阿赫的早期调查中,他表明这两种倾向未能解释有目的的、有指向的思维活动。因此,他假设这些思维受第三种倾向的制约,也就是受"决定性倾向"的制约,它是由目标意象(image of the goal)来构建的。阿赫的概念研究表明,如果没有实验任务所创制的决定性倾向的制约作用,就不可能形成新的概念。

根据阿赫的图式(schema),概念形成并不遵循一种联想链(associative chain)的模式,在这种联想链中,一个环节引起了另一个环节;概念形成是一种目标指向(aim-directed)的过程,是为通向最终目标的各个步骤进行服务的一系列操作。记住一些词语,并把词语与物体联系起来,这种活动本身并不导致概念形成;为了使概念形成的过程得以进行,必须呈现一个不能解决的问题,除非通过形成新概念,否则这个问题便无法解决。

可是,光有概念形成过程的这个特征还是不够的。实验任

务能够被尚未达到12岁的儿童所理解和接受，而他们要到12岁时才能形成新概念。阿赫本人的研究表明，儿童与青少年和成人的区别不在于他们理解目标的方式，而在于他们心中努力实现这种目标的方式。D. 乌斯纳兹（D. Usnadze）对学前儿童概念形成的实验研究也表明，处于那个年龄的儿童，当用概念操作时像成人一样探讨问题，但是儿童用完全不同的方式解决问题。我们只能得出这样的结论，不是目标或决定性倾向，而是其他未被这些研究者探讨过的因素，在成人的概念思维和儿童的独特思维形式之间造成基本的差别。

乌斯纳兹指出，充分形成的概念相对来说出现得较晚，儿童早期就开始运用词语，在词语的帮助下与成人建立起相互了解，并在儿童中间建立起相互了解。鉴于这一观点，他得出结论说，词语接替了概念的功能，而且远在它们达到作为充分发展的思维特征的概念水平以前充当交流的手段。

于是，我们便面临以下的情况：一名儿童能够掌握一个问题，并且在他发展的早期阶段去想象问题设置的目标；由于了解和交流的任务对于儿童和成人来说都是基本相似的，因此儿童能在年龄很小的时候发展起概念的功能性对应词（functional e-quivalents），但是，他用以处理这些任务的思维形式在组成、结构以及操作方式上是与成人的思维形式明显不同的。关于概念形成过程的主要问题——或者说关于目标指向的活动——实际上是一个完成该操作的工具问题。例如，我们不能说劳动是由人类的需要所激起的，这样说不足以解释劳动问题。我们还必须考虑工具的使用，动用一些合适的工具，如果没有这些工具劳动便无法完成。为了解释人类行为的高级形式,我们必须揭示人类用以学会组织和指导其行为的工具。

所有的高级心理机能都是中介过程(mediated processes),而符号则是用来掌握并指导这些高级心理机能的基本工具。中介的符号(mediating sign)被结合进高级心理机能的结构中去,作为整个过程的一个不可缺少的部分,事实上是一个核心部分。在概念形成中,符号便是词,词在形成一个概念时一开始便起着工具作用,后来又成为概念的象征。在阿赫的实验中,词的这种作用并未获得充分的重视。阿赫的研究虽然具有怀疑概念形成中机械主义观点的功绩,但是他却没有在发生上(genetically)、功能上或结构上揭示这种过程的真正本质。该研究由于其纯目的论(purely teleological)解释而走错了方向,这种纯目的论解释武断地宣称,目标本身通过决定性倾向创造了合适的活动——也就是说,问题具有其自己的解决办法。

2

为了研究概念形成过程及其发展阶段,我们采用了我们的合作者之一 L. S. 萨哈洛夫(L. S. Sakharov)设计出来的方法。这种方法可以被描述成"双重刺激法"(method of double stimulation):向被试出示两套刺激,一套是他从事活动的物体,另一

套则是为其组织该活动服务的符号。①

这一程序在某些重要的方面推翻了阿赫关于概念形成的实验。阿赫的实验开始时为被试提供一段学习或实践的时间;被试可以操纵物体,并且阅读写在每个物体上的无意义词,然后才被告知任务是什么。可是,在我们的实验中,问题从一开始就向被试提出,而且自始至终保持不变,不过,解决问题的线索是随着对木块的每次新的翻动而被逐步引入的。我们之所以决定采用这一程序,是由于我们相信,为了使整个过程得以起步,让被试面临这样的任务是必要的。逐步引入解决问题的工具能使我们在概念形成的一切动力阶段(dynamic phases)研究概念形成的整个过程。概念的形成伴随着概念向其他物体的迁移(trans-

---

① 维果茨基并未详尽描述这项测验。下面的描述取自 E. 汉弗曼(E. Hanfmann)和 J. 卡萨宁(J. Kasanin)合著的《精神分裂症的概念思维》(*Conceptual Thinking in Schizophrenia*)(16, pp. 9～10)。——编者

在概念形成的测验中,所用的材料由 22 块不同颜色、形状、高度和大小的木块组成。共有五种颜色,六种不同的形状,两种高度(高的木块和扁的木块),以及就水平表面而言的两种尺码(大的和小的)。在每一木块的底面(这是被试无法看到的一面)写上下述四个无意义词中的一个: lag, bik, mur, cev。在所有高而大的木块上写 lag,而不管它的颜色或形状如何;在所有扁而大的木块上写 bik;在所有高而小的木块上写 mur;在所有扁而小的木块上写 cev。实验开始时,把所有木块(不论其颜色、大小和形状如何)都混杂散乱地放在被试面前的台子上……主试翻开其中一块木块("样品"),向被试出示并读其名称,然后要求被试检出他认为属于相同类型的木块。在被试这样做了以后……主试翻开其中一块选"错"了的木块,说明这是一块不同种类的木块,并鼓动被试继续尝试。在每一次新的尝试以后,另一块错误放置的木块被翻了出来。随着翻开木块数目的增加,被试逐渐地获得了去发现这些无意义词所指的木块特性的依据。一旦他发现了代表一定种类物体的那些词(例如,lag 代表大而高的木块,bik 代表大而扁的木块),则语言尚未提供名称的新概念便建立起来了。于是,被试能够按照无意义词所标明的木块完成把这四种木块区分开来的任务。由此可见,对于这一测验所要求的操作来说,概念的运用具有明确的功能价值。在尝试解决问题的过程中,被试是否实际上运用概念思维,可以从他构建的那些木块的性质,以及他构建那些木块的方法来加以推断;在他的推理过程中,差不多每一步都反映在他对木块的操作中。从开始投入问题;到对样品的操纵;对纠正的反应;直到发现解决问题的方法——该实验的所有这些阶段提供了可以作为被试思维水平标志的资料。

fer）：诱使被试在谈论实验用木块以外的物体时运用新的术语，并以概括形式给它们的意义下定义。

3

我们关于概念形成过程的系列调查，始于萨哈洛夫的实验研究，并由我们和我们的同事库特洛瓦（J. Kotelova）和帕什科夫斯卡娅（E. Pashkorvskaja）完成（8,49,p. 70）。该调查对300多名个体进行了研究——其中有儿童、青少年和成人，还包括一些在智力和语言活动方面有病理障碍的人。

我们的研究获得了一些主要发现，可以总结如下：概念形成过程（该过程最终导致概念的形成）始于最初的儿童期，但是，作为概念形成过程的心理基础的智力功能（它们以特殊结合的方式成为概念形成过程的心理基础）只有到青春期才得以成熟、形成并发展起来。在那个年龄之前，我们发现了与即将来到的真正的概念功能相似的某些智力形式。关于它们的组成、结构和操作，就像胚胎与充分发育的有机体的关系一样，这些概念的功能性对应词与真正的概念具有同样的关系。把两者等同起来，实际上忽视了最初阶段和最后阶段之间漫长的发展过程。

概念形成是一种复杂活动的结果，在这种复杂的活动中，所有基本的智力功能都参与了。然而，不能把这一过程还原为联想、注意、意象、推理或者决定性倾向。它们都是必不可少的，但是，如果我们不把符号或词作为一种用以指引我们心理操作的工具，作为控制它们进程的工具，作为引导它们去解决我们面临问题的工具，那么它们是远远不够的。

  呈现一个使概念得以形成的问题不等于可以把问题本身视作概念形成过程的原因,尽管当青年进入成人的文化世界、职业世界和文明世界时,社会赋予青年的任务在产生概念思维方面无疑是个重要因素。如果环境不向青少年提出任何任务,也不向青少年提出任何新的要求,而且不为青少年提供一系列新的目标来激发他们的智力,那么,他们的思维便不会达到最高阶段,或者即使达到也会大大地推迟。

  然而,文化任务本身并没有解释使概念得以形成的发展机制本身。研究者必须把目标定在了解外部任务和发展动力之间内在的联系方面,并且把概念形成看做青少年整个社会成长和文化成长的一种功能,它不仅影响青少年的思维内容,而且影响青少年的思维方式。从新的角度有意义地使用词语(把它作为概念形成的一种工具来使用),是智力过程发生急剧变化的直接的心理原因,这种智力过程发生在青少年期的开始时期。

  在这个年龄出现的,不是新的基本功能,主要是那些与已经存在的功能有所不同的功能,但是所有存在的功能都被合并成一种新的结构,形成一种新的综合,成为一种新的复杂整体的组成部分;支配这个整体的规律也决定着每个个别部分的命运。学会在词或符号的帮助下指引自己的心理过程,是概念形成过程中不可分割的一部分。这种能力,即运用辅助的工具来调整人的活动的能力,只有在青少年时期才达到充分的发展。

4

  我们的调查表明,概念的形成是一个由低至高的过程,这个过程可以分为三个基本方面,每一方面又相应的分为若干阶段。在这一节和以后的六节中,我们将描述这些方面,并在运用"双重刺激"的方法对它们进行研究时把它们进一步细分。

幼儿在朝概念形成的方向发展时,跨出的第一步是用"无组织的聚集"(unorganized congeries)方式,或者"堆积"(heap)的方式把若干物体聚在一起,这样做的目的是为了解决我们成人通常通过形成一个新概念来解决的问题。所谓"堆积",是指在没有任何基础的情况下把那些互不相关的物体聚集在一起,它反映了符号(人为的词语)的意义毫无方向地延伸到在儿童的知觉中偶然联系起来的原本无关的物体上面。

在那个阶段,对儿童来说,词的意义除了指把各个个别物体予以含糊的概念混合(syncretic)的聚集之外,并不指其他任何东西。这些个别物体在儿童的心中不知怎么地结合成一种意象(image)。由于这种意象具有概念混合的性质,因此它是十分不稳定的。

在知觉中,在思维中,以及在行动中,儿童倾向于把最为变化多端的要素(elements)凭借某种偶然的印象结合进一种无连接的意象(unarticulated image)中去。克拉帕雷德(E. Claparede)把这种明显的儿童思维特征称做"概念混合"(syncretism)。布隆斯基(P. Blonski)称之为儿童思维的"不相干的相干"(incoherent coherence)。我们把这种现象描绘成对不能充分领会客观关系的情况予以补偿(compensate)倾向的结果,这种补偿是通过过度的主观联结,并将这些主观联结误认为是事物之间真正的联系而实现的。这些概念混合的关系,以及聚集在词语意义上的一堆堆物体,就后者符合儿童的知觉或印象

之间的关系而言,也反映了客观的联系。因此,对儿童和成人来说,许多词在某种程度上具有同样的意义,尤其是那些在儿童的习惯环境中涉及具体物体的词。可以说,儿童和成人对一个词的各种意义往往会在同一件具体物体上"相遇",而正是这一点就足以保证相互理解了。

我们刚才描述了概念形成的第一方面,这一方面还可以分为三个不同的阶段。我们可以在实验研究的框架内详细地观察它们。

在概念混合(堆积)的形成过程中,第一阶段是儿童提供了一个特定的人为词语的意义,它表明儿童处于思维发展中的尝试—错误(trial-and-error)阶段。这种堆积是儿童随意创造的,而且加进去的每件物体仅仅是猜测或尝试;当这种猜测被证明为错误时,就由另一件物体代替它,也就是说,当主试翻转物体表明它的名称不同时,就由另一件物体来替代它。

在第二阶段,把物体聚合在一起主要受制于实验物体所占据的空间位置,也即纯粹由儿童视野的概念混合的组织(syncretic organization)所决定。概念混合的意象是因为在空间或时间上单一要素毗邻的结果,或者是由儿童的直接知觉把这些单一要素带进其他更为复杂的关系中去,由此而形成堆积或聚合。

在概念形成的第一方面的第三阶段中,概念混合的意象停留在更为复杂的基础上:它由来自不同组或堆的要素所组成,这些组或堆是儿童业已形成的,其形成的方式如上所述。这些新结合的要素彼此之间没有内在的联系,因此新的形成形式像第一阶段的堆积一样具有同样的"不相干的相干性"。唯一的区别在于，儿童通过两个步骤的操作试图为一个新词提供意义，但是这种更为精心的操作仍然保留着概念混合的性质，而且比起堆积简单聚集来并不导致更多的条理性或顺序性。

5

概念形成的第二个主要方面是由思维的许多变式（variations）组成的，我们称之为复合思维（thinking in complexes）。在一个复合体中，儿童不仅通过他的主观印象在心中把个别物体聚合起来，而且通过实际上存在于这些物体之间的联系把个别物体聚合起来。这是一项新的成就，一个上升到高级水平的标志。当儿童迈向那个水平时，他的发展已经部分地超越了自我中心主义（ego centrism）。他不再把自己印象之间的联结误认为是事物之间的联结——这是摆脱概念混合而朝向客观思维的决定性一步。复合思维已经是相干的和客观的思维了，尽管它还没有像概念思维那样以同样的方式反映客观关系。

在成人的语言中仍然保留着复合思维的遗迹。家族姓氏（family names）也许是这方面最好的例证。任何家族姓氏，例如"彼得罗夫"（petrov），用一种十分类似于儿童复合的方式把个人进行归类。可以这样说，处于那个发展阶段的儿童是用家族姓氏进行思维的；各种个别物体通过聚合而汇集成既独立又相互联系的"家族"，对于儿童来说这些个别物体就此变得有组织的了。

在一个复合体中，它的组成部分之间的联系（bonds）是具体的和实在的，而不是抽象的和逻辑的，正如我们不会因为一个人

和其他姓彼得罗夫的人之间存在任何逻辑关系而把这个人归入彼得罗夫家族一样。这个问题对于我们来说是通过事实解决的。

作为复合体基础的事实联系可以通过直接的经验来发现。因此,一个复合首先是由事实联系而联结(connected)起来的物体的具体聚集。由于复合体不是在抽象逻辑思维的水平上形成的,因此创建复合体的联系,以及复合体帮助去创建的联系,都缺乏逻辑的统合(logical unity);这些联系可能具有许多不同的种类。任何实际呈现的联结可能导致把特定的要素包容到复合体中去。这是一个复合体和一个概念之间的主要区别。由于一个概念按照一种属性将物体归类,因此,把一个复合体的要素与整体关联起来的联系,以及一个复合体中各要素彼此之间的联系,可能像这些要素在现实中的接触和关联一样多样化。

在我们的调查中,我们观察到五种基本的复合,这些复合在该发展阶段相继出现。

我们把第一种复合称做"联想型"(associative type)。它可能以儿童在样本物体与其他一些木块之间注意到的任何联系为基础。在我们的实验中,样本物体(也就是首先给被试的,而且其名称也是可见的物体)形成了即将建立的归类的核心。在建立一种联想的复合方面,儿童可能给核心物体加上一块木块,因为它具有同样的颜色,儿童也可能给核心物体加上另一块木块,因为它跟核心物体在形状或大小方面相似,或者在偶尔被他发现的其他属性的引诱下加上其他木块。核心物体和另一物体之间的任何一种联系足以使儿童把那物体归入类内,并且用共同的"家族姓氏"加以标记。核心物体和其他物体之间的联系无须一种共同的特征,例如同样的颜色或形状;一种相似性,一种对照,或者空间的接近性也可以建立这种联系。

对那个阶段的儿童来说,词已经不再成为一件个别物体的"专有名称"(proper name);它成为用各种方式相互联系的一类物体的"家族姓氏",正像人类家族的关系既多而又不同一样。

6

第二种类型的复合思维由下述现象所组成,即儿童把物体或物体给自己造成的具体印象结合进那些最接近于相似集合物的类别。物体根据某一个特征被放在一起,在该特征中,物体彼此不同并最终相互补充。

在我们的实验中,儿童拣出与样本物体在颜色,或形状,或大小,或在其他某些特征上不同的一些物体。他并不随便地把它们拣出来;他把它们拣出来是因为它们可与样本的一个属性相对照或互补,在他看来,样本的那个属性是分类的基础。结果,一批颜色或形状呈现在实验材料里,例如,把那些具有不同颜色的木块归为一类。

通过对照形成联想,而不是通过相似性形成联想,它引导儿童建立一种集合。然而,这种思维形式往往与联想形式本身相结合(这在前面已经描述过),根据混合原理(mixed principies)产生了一种集合。在这一过程中,儿童不再坚持把他最初接受的原则作为聚集的基础。他不知不觉地考虑到一种不同的特征,从而最终组成一种混合的聚集,例如,既有各种颜色也有各种形状。

在儿童的思维发展中,这个漫长而又持久的阶段扎根于他的实践经验,其中补偿物的聚集(collection of complementary things)通常形成一个组或一个整体。经验告诉儿童某些形式的功能分类:杯子、浅碟和汤匙;放有刀、叉、汤匙和盘子的地方;他穿的一组衣服等。所有这些是自然的聚集复合的模型(models of natural collection complexes)。即便是成人,在谈到碟子或衣服时,通常会在心里出现一组工具的物体,而不是概括性的概念。

让我们扼要地重述一下,导致"堆"的形成的概念混合意象是以模糊的主观联系为基础的,它是一种误以为物体之间实际联系的主观联系;联想的复合,根据相似性或事物之间知觉上的联系而组成;而聚集的复合,则是以实际经验中观察到的物体之间的关系为基础的。我们可以这样说,聚集的复合是一种物体的分类,也即根据物体参与同样的实际操作来进行分类——根据物体的功能性协同作用(functional cooperation)而进行分类。

7

在复合思维的聚集阶段之后,我们可以提出连锁复合(chain complex)——一种动力的、连贯的联结,也就是将个别的环节连接成单一的连锁,意义便从一个环节传向另一个环节。例如,如果实验样品是黄色的三角形,那么儿童可能拣出一些三角形的木块,直到他的注意力被吸引到他刚刚添加的一块蓝色木块上;于是,他转而挑选任何形状的蓝色木块——棱形的、圆形的、半圆形的。由此,又足以改变标准;儿童一下子又忘了把颜色作为挑选标准,转而挑选圆形的木块。在整个挑选过程中,决定性属性(decisive attribute)一直在变化。在这种联系中,或者说在连锁的一个环节与前一个环节和后一个环节相连接的方式中,没有任何连贯性。最初的样本不再具有核心意义。每一个环节,一旦包容于连锁的复合之中,便像第一个环节一样重要,而且可能成为吸引一系列其他物体的磁石。

连锁形成鲜明地揭示了复合思维在知觉上的具体的和实在的性质。由于一件物体的其中一个属性而被包容的物体,不仅作为那种特征的载体进入复合体,而且作为具有物体一切属性的个体进入复合体。单一的特征不是由儿童从其余的特征中提取的,而是单一的特征没有提供一种特殊的作用,正如在概念中那样。在复合中,层次结构(hierarchical organization)是不存在的:所有属性在功能上是相等的。当在其他两种物体之间形成联系时,样本可能不予考虑;这些物体也可能与其他要素毫无共同之处,而且凭借其跟它的另外要素具有共同的属性,从而仍然成为同一连锁上的组成部分。

因此,可以把连锁复合看做为最纯粹的复合思维形式。不像联想复合(它的要素毕竟是通过一个要素而相互联结的——这就是复合的核心),连锁复合却没有核心;在单一的要素之间存在关系,除此之外便没有别的了。

一种复合不像概念那样凌驾于它的要素之上;它与组成复合的具体物体相合并。就复合及其要素来说,这种一般的和特殊的聚合(fusion),这种心理的混合,像 H. 沃纳(H. Werner)所称的那样,是一切复合思维的独特特征,尤其是连锁复合的独特特征。

8

由于连锁复合实际上与形成它的那组具体物体不可分割,因此它常常获得一种模糊的和流动的特征。联系的类型和性质可能难以察觉地从一个环节变化到另一个环节。通常一个关系较远的间接的相似性足以创造一种联系。有时,属性被看做是相似的,不是由于真正的相似,而是由于一种模糊的印象,即它们具有某些共同的东西。这就导致在我们实验中观察到的第四种复合。它可以称做扩散性复合(diffuse complex)。

扩散性复合的特征在于,把它的单一要素联合起来的那种属性是流动的。从感知上说,具体的一组组物体或意象是通过扩散的、不确定的联系手段形成的。例如,在处理黄色的三角形时,在我们的实验中,一个儿童像拣出三角形一样拣出梯形,因为梯形在儿童看来是去掉了顶角的三角形。然后,梯形把儿童引向正方形,由正方形引向六边形,由六边形引向半圆形,最后到达圆形。作为选择基础的颜色同样是流动的和易变的。黄色的物体倾向于被绿色的物体所接替;然后绿色变为蓝色,蓝色变为黑色。

由这种思维产生的复合是如此的不确定,以至于实际上是无限的。像圣经(Biblical)里描述的一个部族,它意欲成倍地增长,结果像天空的星星或海中的沙粒那样变得难以计数。在儿童的心灵里,扩散性复合是一种家族,它具有无限的权力,通过向原始的组群增添越来越多的个别成员而使自己膨胀起来。

在儿童思维的非实际的和非感知的(nonpractical and nonperceptual)领域里,儿童的概括尽管无法通过感知或实践活动予以轻易地证明,但是这种概括却是实验中观察到的扩散性复合的活生生的可比拟事物。众所周知,当儿童的思维超越他经验的有限世界范围时,他能表现出惊人的转化、联想和概括。在此范围之外,他往往以它们所包含的联系的普遍性令人惊诧地构造了无限的复合。

然而,这些无限的复合建立在与有限的具体复合同样的原则基础之上。在下述两种情况中,即儿童停留在事物之间具体联系的限度之内,但是,只要第一种复合包括儿童实际认知范围以外的物体,这些联系便自然而然地建立在模糊的、不真实的、不稳定的属性基础之上。

9

为了完成复合思维的图景,我们必须再描述一种复合——可以这样说,它是各种复合之间的桥梁,也是概念形成发展中的最后和最高阶段。

我们把这种类型的复合称做"假概念"(pseudo-concept),因为在儿童心中形成的概括,尽管在表面上与成人的概念相似,可是从心理学上说是完全不同于概念本身的;就其本质而言,它仍然是一种复合。

在实验情境中,每当儿童在样本周围摆上一些物体时,他就产生了一种假概念,这些围绕样本的物体可能已经在一种抽象概念的基础上被集合了。例如,当样本是黄色的三角形,而儿童把实验材料中所有的三角形都拣出来时,他可能已经受到三角形一般概念的指导了。但是,实验分析表明,儿童实际上受具体的可见的相似性的指引,而且只形成了受制于某种知觉联系的联想性复合。尽管结果是一致的,可是,达到这些结果的过程与概念思维完全不是一码事①。

我们必须用某种详尽的方式来考虑这种类型的复合。它在儿童的真实思维中起决定作用,而且作为复合思维和真正的概念形成之间的一个过渡环节,它是重要的。

10

在学龄前儿童的思维中,假概念决定着其他一切复合活动,原因也许十分简单,那就是在实际生活中与词义相对应的复合并不是由儿童自发地发展起来的:一个复合的发展路线是由意义预先决定的,在成人的语言中一个特定的词已经具有这种

---

① 下述实验观察的阐释取自 E. 汉弗曼和 J. 卡萨宁的研究(16,pp.30~31)。

在许多情形中,由被试创造的组群或类别像在平时分类中一样具有相同的外显行为,而缺乏真正的概念基础,这在要求被试运作构成这种分类的观念基础时便显露出来了。这种情况发生在纠正错误的时刻,当主试把错选了的一块木块翻过来并展示上面写的字和样本木块上写的字不同(例如,那不是 mur)时,这种情况就发生了。这是实验的关键所在。

探讨这一分类问题的被试以完全特殊的方式对纠正错误立即作出反应。这种反应适当地表达在下列陈述中:"啊哈!那么不是颜色(或者形状,等等)……"被试把他和样本放在一起的所有木块移走,并开始寻找另一种可能的分类。

另一方面,在实验开始时,被试的外显行为可能是试图进行一种分类。他可能把所有的红色木块和样本放在一起进行得十分一致……而且声称他认为那些红色木块是 murs。现在,主试翻开其中一块选择的木块,表明它有不同的名称……。被试看看这块木块被移走,或者甚至亲自动手把它移走,但是,那是他能做的一切:他并不试图从样本 mur 那里移走其他的红色木块。如果被试仍然认为那些木块应该放在一起,而且都属于 mur,那么对于主试的问题他便予以确切的回答,"对啊,它们仍然放在一起,因为它们都是红色的"。这种令人吃惊的回答暴露了与真正的分类完全不相容的态度,从而证明他所形成的一些类别实际上是假的类别。

意义。

在我们的实践中，儿童在摆脱了熟悉的词语的支配性影响以后，才能发展词的意义，并根据他自己的偏爱(preferences)形成复合。只有通过实验，我们方能测量儿童在掌握成人语言的过程中自发活动的种类和程度。儿童在形成概括中自己的活动并不停息，尽管它通常隐匿不见，并被成人言语的影响驱使到复杂的通道中去。

环境的语言以其稳定的持久的意义指明了儿童的概念将要采取的方式。尽管儿童的概括是被制约的，但是，他们的思维仍然根据自身的智力发展水平沿着这条预先规定的道路前进。成人无法将他的思维方式传递给儿童。他仅仅提供了一个词的现成意义，儿童围绕这个词的意义形成了一种复合——带有复合思维全部结构的、功能的和发生学上的特征，即使他的思维产物在其内容方面实际上与一种概括完全同一(identical)，这种概括可以通过概念思维而形成。在假概念和真概念(real concept)之间这种外表上的相似性，使得"揭示"这类复合变得十分困难，从而在对思维进行发生学分析方面成为一种主要障碍。

复合和概念的功能相等性，对于成人和3岁儿童来说许多词的意义的实际上一致(coincidence)，相互了解的可能性，以及他们思维过程的明显相似性，已经导致这样一种错误的假设，即成人的一切形式的智力活动在儿童思维中已以萌芽状态存在着，并在到达青春期时没有发生任何剧烈的变化。要了解这种误解的起源是不难的。儿童很早便学会了大量的词语，这些词语对他和对成人来说指的是同样的东西。成人和儿童彼此理解一样东西导致了这样的错觉，即认为词义发展的终点和起点相

一致,认为概念从一开始就是被现成提供的,而且没有任何发展。

儿童获得成人的语言,实际上说明了儿童的复合和成人的概念相一致的原因——换言之,说明了概念复合的出现,或者假概念出现的原因。在我们的实验中,儿童的思维并没有为词义所包围,这表明如果不是由于假概念占优势,儿童的复合将会沿着跟成人概念不同的路线发展,而且儿童和成人之间的言语交流也将成为不可能。

假概念充当了复合思维和概念思维之间的联结环节。它在本质上具有双重性:复合已经携带着正在萌芽的概念种子。因此,与成人进行言语交流,在儿童的概念发展中成为一个有力的因素。从复合思维向概念思维的过渡是在儿童尚未注意到的情况下进行的,因为儿童的假概念已经在内容上与成人的概念相一致了。于是,儿童开始用概念操作,进行概念思维实践,也即在他清楚地意识到这些操作的性质以前便进行了这些操作和实践。这种特殊的发生学情境并不限于概念的获得;它是儿童智力发展的规律,而不是儿童智力发展的一种例外。

11

我们已经用只有实验分析(experimental analysis)才能提供的透明度看到了复合思维的不同阶段和形式。这种分析有助于我们揭示以图式形式(schematic form)形成概念的发生学过程的基本性质,从而为我们提供了了解概念在现实生活中展开过程的钥匙。但是,一种用实验来诱发的概念形成过程不可能确切地反映出在生活中的实际的发生学发展。我们已经列举的具体思维(concrete thinking)的基本形式实际上表现出混合情况。迄今为止提供的形态学分析(morphological analysis)必须由功能分析和发生学分析来替代。我们必须设法把实验中发现的复合思维形式和儿童实际发展中发现的思维形式联结起来,并把两个系列的观察彼此对照。

从我们的实验中我们得出的结论是,在复合阶段,儿童所感知的词义涉及成人心中所想的同样物体。这样便保证了儿童和成人之间的了解。但是儿童用不同的方式看待同一种物体,用不同的心理运作考虑同一件事情。我们试图通过把我们的观察与儿童思维特征的材料予以比较来证实这一观点(一般说来是与原始思维特征的材料相比较,这些原始思维是由心理科学以往收集到的)。

如果我们观察到儿童在迁移他的最初的词义过程中把哪些物体类别联结在一起,以及他如何着手做这件事,那么我们便发现了两种形式的混合,在我们的实验中我们把这两种形式称做联想的复合和概念混合的意象。

让我们借用一下由 H. 沃纳引述(55, p. 206)的来自伊德尔伯格(H. Idelberger)的例证,在该儿童生命的第 251 天,他对一个小姑娘的瓷质小雕像发出 bow-wow 的词,这个瓷质雕像被置于餐具柜上,他常常对这个雕像作出喜欢的表示。到了第 307 天,他对院子里正在叫的一条狗发出了 bow-wow 的词,并且对他祖父母的照片,对玩具狗和一只钟也发出了 bow-wow 的词。到了第 331 天,他对一块有着动物头像的毛皮发出了 bow-wow 的词,特别注视那一对玻璃眼睛,并对另一块没有动物头像的毛

皮披肩也发出了这个词。到了第334天,他对揿压时能发出短促尖叫的橡皮娃娃发出这个词,而到了第396天,他对父亲衬衫袖口上的链扣也发出这个词。到了第433天,他看到一件服装上的珍珠纽扣和一只浴室温度计,又发出了同样的词。

沃纳分析了这个例子,并得出结论说,被儿童称做bow-wow的各种东西可以分类如下:首先,狗和玩具狗,以及类似于瓷娃娃的椭圆形小物体,例如橡皮娃娃和温度计;其次,链扣、珍珠纽扣和类似的小物件。分类的关键属性是一种椭圆形或者表面闪光的类似眼睛的物件。

很清楚,儿童把这些具体物体按照一种复合原则统合起来。这种自发的复合形式构成了儿童言语发展史的第一篇章。

关于这些转换,有一个著名的、经常得以引用的例子:开始时,一名儿童用quah来指正在池塘中游着的一只鸭子,然后指任何液体,包括瓶里的牛奶;当他偶尔见到一枚钱币,上面刻有一只鹰时,这枚钱币也叫做quah,然后任何圆的、钱币样的物体都叫quah。这是一种典型的连锁复合:每一种包容进来的新物体都与另一个要素有着某种共同的属性,但是这种属性经历无止境的变化。

复合的形成也对下列特殊现象负责,即一个词可能在不同的情境中具有不同的甚至相反的意义,只要在词的意义之间有某种联想的环节存在,就会发生这种情况。因此,一个儿童可能对以前和以后都用"以前"这个词,或者对明天和昨天都用"明天"这个词。这里,我们可与某些古代的语言——希伯来文(Hebrew)、中文和拉丁文(Latin)进行完全的类比——在这些古代语言中,一个词有时也指相反的意义。例如,罗马人(Romans)用一个词来表示高和深。这样一种相反意义的匹配只有作为复合思维的结果才有可能。

12

原始思维还有另一个十分有趣的特征,它向我们表明了活动中的复合思维,并指出了假概念和概念之间的区别。这种特征——列维-布鲁尔(L. Levy-Bruhl)首先在未开化的民族中注意到,斯托奇(A. Storch)在精神病患者中注意到,而皮亚杰则在儿童中注意到——通常称之为"参与"(participation)。这一术语用于由原始思维在两种物体或现象之间建立的部分同一性(partial identity)或密切的相互依存关系(这两种物体或现象实际上既没有接近性,也没有其他任何可辨认的联结)。

列维-布鲁尔摘引了冯·顿·施泰南(Von den Steinen)在巴西的布罗罗人(Bororo of Brazil)中间观察到的有关"参与"的惊人例子,布罗罗人对于自己成为红鹦鹉而引以为自豪。冯·顿·施泰南开始时并不知道这样一种分类上的断言是由什么东西构成的,但是最终表明他们是说话算数的。这不仅表现在他们拥有该名称,或者他们坚持一种家族关系:他们指的实际上是存在的同一性(identity of beings)。

在我们看来,"参与"现象尚未得到充分的令人信服的心理学解释,对此主要是由于两个原因:首先,一些调查倾向于把注意力集中于现象的内容而忽视了所涉及的心理操作,也就是说,对结果进行研究而不是对过程进行研究;其次,没有适当地用其他联系的关系和由原始心理形成的关系去观察现象。那种极端

的、胡思乱想的、像布罗罗人认为他们是红鹦鹉的观念往往更经常地引起调查者的注意,从而以牺牲并不引人注意的现象为代价。然而,仔细的分析将会表明,甚至那些表面上与我们的逻辑发生冲突的联结是由原始心理根据复合思维原则形成的。

由于某种年龄的儿童用假概念进行思维,而且一些词给他们指出的是具体物件的复合,因此他们的思维必然导致参与,也即导致成人逻辑不可接受的联系。一个特定的事物可以凭借它的不同的具体属性而被包容于不同的复合体中,结果可能有几个名称;哪一个名称得到使用有赖于当时激活的是哪个复合体。在我们的实验中,我们经常观察到这种参与的例子,也即一个物体同时被包容于两个或更多个复合体中。参与是复合思维的特征,而远非例外。

原始民族也进行复合思维,结果是,他们语言中的词并不起概念的载体作用,而是作为一组组相聚在一起的具体物体的"家族姓氏",这种相聚或集合不是逻辑上的相聚或集合,而是事实上的相聚或集合。斯托奇已经表明,这种类型的思维也是精神分裂症患者的特征,他们从概念思维倒退到更为原始的心理活动水平,充满丰富的意象和象征。斯托奇认为,使用具体意象而非抽象概念,是原始思维最具特色的一个特征。由此可见,儿童、原始人类和精神病患者,尽管他们的思维过程在其他重要方面可能不同,却都反映了参与——这是原始的复合思维的一种征象,也是作为家族姓氏的词语功能的一种征象。

因此,我们认为列维-布鲁尔解释参与的方法是不正确的。他从我们自己的逻辑观点出发探讨布罗罗人关于成为红鹦鹉的声明,他假设,对于原始心理,这样的断言也意味着存在的同一性。但是,由于对布罗罗人来说,词是指一组组物体,而非概念,因此他们的断言具有不同的含义:代表鹦鹉的词也是代表一种复合的词,它包括了鹦鹉和他们自己。除了指家族姓氏,它不指任何同一性,这种家族姓氏为两个相互关联的个体所共有,意指他们合而为一,而且是同一个人。

13

语言历史清楚地表明,复合思维及其一切特征是语言发展的基础。

现代语言学在一个词的意义(或者一种表述)和该词所指的对象(指称)之间加以区分。可能存在一个意义和指称的不同对象,或者不同意义和一个指称对象。不论我们说"耶拿(Jena)的胜利者"或者说"滑铁卢(Waterloo)的失败者",我们实际上指的是同一个人,不过这两个短语的意思是不同的。只有一种类别的词——专有名词——它的唯一功能是指称。根据这一术语,我们可以说儿童的词语和成人的词语在所指的对象方面发生巧合,而不是它们的词义。

在语言历史中还会发现语词所指对象的同一性和词义多样性的结合。大量事实支持了这种论点。在每种语言中都存在同义词便是一个很好的例证。俄罗斯(Russian)语言有两个词都代表月亮,通过不同的思维过程可以达到这一点,它清楚地反映在词源学中。其中一个术语来自拉丁词(Latin word),意指"不能解释的怪想,反复无常和幻想"。这显然是指强调月亮与其他天体相区别的变化形式。第二个术语的创始人用该术语意指

"测量者"(measurer),毫无疑问它受到下述事实的影响,即时间可以通过月相(lunar phases)而测得。在有些语言之间,同样存在这类情况。例如,在俄语中,裁缝这一术语来自一块布这样一个古老的词语;而在法语和德语中,该词意指"裁剪者"。

如果我们追溯在任何语言中一个词的历史,我们将会看到,无论乍一看该现象有可能多么的惊人,词义正如在儿童思维中那样变化着。我们已经引述过这方面的例子,bow-wow 被用于在成人看来完全不相干的一连串物体上。类似的意义迁移(表明了复合思维)在语言发展中是有规律的而非例外。俄语中有一个表示昼夜的词,便是 sutki 这个词。原先它指的是接缝,即把两块布的拼接处织在一起的某种东西;不久它用来指任何接缝处,例如一间屋子的两堵墙之间的接缝处,因此意指墙角;嗣后,它开始隐喻地用作黎明时的曙光,也即"白天和黑夜的交接处";再后,它开始意指从一次曙光到下一次曙光之间的时间,也即目前指 24 小时的 sutki。这些意义不同的事物,如接缝、墙角、曙光以及 24 小时,都在一个词的发展过程中被吸收到一个复合体中,它与儿童凭借具体想象将不同事物合并到一个类别中去是同一方式。

那么,决定词族(word families)形成的规律是什么呢?在大多数情况下,新的现象或物体是根据非本质的属性来命名的,因此,名称并不真实地反映被命名事物的本质。因为一个名称刚开始出现时决非一个概念,它通常不是太狭隘就是太广泛。例如,俄语里母牛一词原先指"有角的",而老鼠一词原先指"贼"。但是,对一头母牛来说,有着比角多得多的特征,而对一只老鼠来说,又有比偷窃多得多的东西;因此它们的名称就显得太狭窄了。另一方面,它们又显得太宽泛,因为同样表示性质特征的形容词可用于——而且实际上在其他一些语言中也用于——其他一些生物身上。结果,在概念思维和原始的复合思维传统之间的语言发展问题上导致了一场无休止的斗争。复合创造的名称是以一个属性为基础的,它与它所代表的概念发生冲突。在概念和产生名称的意象之间出现争夺,结果意象逐渐输掉;它从意识和记忆中消失,而词的原始意义最终被忘却。多年以前,所有的墨水都是黑色的,因此俄语中墨水一词指的便是黑色。但是,这并不妨碍我们今天在不注意这一联系不协调的情况下讲红的、绿的、或蓝"黑"的墨水。

名称向新物体的迁移是通过接近性或相似性而发生的,也即在作为复合思维典型的具体联系基础上发生的。在我们自己的时代,词的构成提供了许多聚集过程(即把各种事物聚集在一起的过程)的例子。当我们讲到"台子的腿","道路的肘部(转弯口)","瓶子的颈部"和"瓶颈"时,我们便以复合般方式将事物聚集在一起了。在这些情形中,形象的和功能的相似性是引起这种迁移的媒介。然而,迁移可以由最不相同的联想来决定,如果它发生在遥远的过去,那么不确切地了解该事件的历史背景,便不可能重新构建那些联结。

对于一个概念来说,最初的词不是一种简单的象征,而是一种意象,一种图景,一种概念的心理素描,一种关于概念的简短故事——确实,它是一件小艺术品。凭借这样一种图片式概念来命名一种物体,人类便把它与其他物体联系起来归入一类。在这个意义上说,语言创造过程类似儿童智力发展中复合形成的过程。

14

从聋哑儿童的言语中可以学到许多关于复合思维的东西,在聋哑儿童事例中,并不存在形成假概念的主要刺激。他们被剥夺了与成人进行言语交流的可能,留待他们的是由他们自己决定哪些物体聚集在一个共同的名称之下。他们自由地形成他们的复合,复合思维的特征以纯粹的和清晰的形式出现。

在聋哑人的手语中,碰一下牙齿可能有三种不同的含意:"白"、"石头"和"牙齿"。所有上述三种意义都属于一个复合体,它的进一步解释要求补充性指点或模拟手势,以便指明在不同情况下所指的物体。因此,一个词的两种功能是确实分开的。一名聋哑人触摸他的牙齿,然后指着牙齿表面或者做一个抛物的手势,告诉我们他在特定情形中指的是哪种物体。

为了检验并补充我们的实验结果,我们从儿童的语言发展中提取了几个复合形成的例子,也从原始民族的思维和语言发展本身提取了一些复合形成的例子。然而,应当指出,即使是正常的成人(能形成并使用概念),也并不总是在他的思维中用概念进行操作的。除了梦的原始思维过程之外,成人经常会从概念思维迁移到具体的复合思维。思维的过渡形式和假概念形式并不限于儿童的思维;我们在日常生活中也常常求助于它。

15

我们的调查使我们把概念形成过程分成三个主要的方面。

我们已经描述了其中两个方面,它们的标志是概念混合意象和复合分别占据支配地位。现在,我们进入第三个方面。像第二个方面一样,它也可以细分为几个阶段。

事实上,新的结构并不必然地仅仅出现在复合思维之后,沿着它的整个发展过程自然地发展下去。在儿童开始运用假概念思维之前很久,这些新的结构就以初步的形态被观察到。然而,它们基本上属于我们概念形成图式中的第三分支。如果复合思维是概念形成的一个根源,那么我们即将描述的形式是第二个独立的根源。它在儿童的心理发展中具有独特的发生学功能,不同于复合的功能。

复合的主要功能是建立联系和关系。复合思维通过把经验的互不关联的各个要素组织成一个类别,从而开始将分类的印象统合起来,并为后来的概括创造基础。

但是,先进的概念比统合更可预测。为了形成这样一种概念,就有必要提取和挑选要素,并把提取的要素看做与具体经验的整体不同的东西,这些要素是深藏于具体经验之中的。在真正的概念形成中,统合和分离同样重要:综合必须与分析相结合。复合思维不能两者都干。它的真正本质在于过多的联结和过多地产生联结,但在抽象方面较为薄弱。完成第二个要求是这样一些过程的功能,这些过程只有在概念形成发展的第三方面才得以成熟,尽管它们的开端可以追溯至更早的时期。

在我们的实验中,通向抽象的第一步是在儿童把最大限度上相似的物体(例如小而圆的物体,或者红而扁平的物体)聚集在一起时跨出的。由于测验材料不包含任何同一性的物体,因此即便最大程度相似的物体在某些方面也是不相似的。结果,儿童在拣出这些"最佳配对"时必须更加重视一件物体的某些特征而不是其他特征——也即给这些特征优先处理。经过增补的那些属性,使一件物体最大程度上和样本相似,从而成为注意的焦点,并在某种意义上从儿童较少注意的属性中抽取出来了。这种抽取的初次尝试本身并不明显,因为儿童抽取了整整一组特征,而没有清楚地予以相互区别;通常抽取这样一组属性仅仅基于对物体相似性的模糊的、一般的印象。

此外,儿童知觉的综合特征已被打破。一件物体的属性已经分为两个被同等注意的部分——肯定抽象和否定抽象(positive and negative abstraction)的开始。一件物体不再携带所有属性进入一个复合体——有些属性被拒绝进入;如果物体由此而贫瘠的话,那么复合体中所包容的那些属性便会在儿童的思维中明显排除。

16

在抽象作用发展的下一阶段,依据最大限度的相似性对物体进行分类开始被依据单一属性的分类所替代:例如,只依据圆的物体或者只依据扁平的物体来分类。尽管这一结果与概念的结果没有区别,可是这些结构像假概念一样,仅仅是真概念的先兆。根据格罗斯(K. Groos)介绍的用法,我们将把这些结构称做"潜在概念"(potential concepts)。

潜在概念导源于一种孤立的抽象作用,鉴于这样的原始性质,因此,在某种程度上,它不仅出现在非常年幼的儿童身上,而且甚至在动物身上也存在。母鸡可被训练成对不同物体中的一个独特属性作出反应，例如对颜色或形状作出反应，如果这个独特属性表示可以接近的食物的话；苛勒的一些黑猩猩一旦学会把棍棒作为工具使用，当它们需要一根棍棒但又得不到时，便会用其他长的物体来替代它。

甚至在很年幼的儿童中，具有某些共同特征的物体或情境也能引发相似的反应；在最早的前言语阶段（preverbal stage），儿童清楚地期望相似的情境导致同一的结果。一俟儿童在一个词与一种物体之间建立了联想，他就容易把该词用于一种新的物体，只要他感到新物体在某些方面与第一种物体相似。于是，潜在概念可以在感知范围内形成，或者可以在实际的、与活动密切相关的思维中形成——根据第一种情形中的相似印象和第二种情形中的相似的功能意义（functional meanings）。后者是潜在概念的一种重要来源。众所周知，直到学龄早期，功能意义在儿童思维中起十分重要的作用。当儿童被要求去解释一个词的时候，他将讲出该词所指的物体可能干什么，或者——更经常的是——用这种物体可以做什么。甚至抽象概念往往被翻译成具体行动的语言："'明智'一词是指，当我热的时候，不要站在穿堂风中。"

只要抽象作用也发生在复合形成中，潜在概念便已经在复合思维中发挥部分作用了。例如，联想性复合预测不同单位一个共同特征的"抽象作用"。但是，只要复合思维占据支配地位，抽象的特征便不会稳定，没有任何特权地位，并易于把它暂时的支配权让位给其他特征。在潜在概念本身，一个特征一经抽象便不会轻易地再在其他特征中失去。全部具体的特征因为它的抽象而遭摧毁，并且把特征统一于不同基础上的可能性也得以

开辟。只有掌握抽象,与先进的复合思维结合,才能使儿童发展到形成真正的概念。只有当抽象的特征重新综合,而且产生的抽象综合物成为思维的主要工具时,一种概念方才出现。正如我们的实验已经表明的那样,这一过程的决定作用,是由词来发挥的,词被有意地用来指导先进的概念形成中一切局部的过程①。

17

在我们关于青少年时期智力过程的实验研究中,我们观察到原始的概念混合思维形式和复合思维形式如何衰退、潜在概念如何使用得越来越少,而真正的概念却开始形成——开始是突然出现,尔后越来越频繁地出现。然而,甚至在青少年学会了产生概念以后,他仍然没有放弃那些初级的形式:它们继续在长时期地运作着,而且确实在他的思维的许多领域内占有优势。青少年时期是一个危机和转折的时期,而不只是一个风平浪静的时期。

在我们观察新获得的概念的实际作用时,青少年思维的过渡性特征变得格外明显。那些专门设计用来研究青少年概念操作的实验表明,青少年形成概念的能力和解释概念的能力之间存在明显的差异。

青少年在具体的情境中能相当正确地形成和使用概念,但是,也可以发现,他们用词语表达概念则十分困难,而且,在大多

---

① 本章清楚地表明,词在复合思维的各个阶段也起着一种重要的功能,尽管是不同的功能。因此,我们认为复合思维是言语思维发展中的一个阶段,而不是像其他许多作者那样,把"复合"这个术语扩展到包括前言语思维,甚至把动物的原始心理也包括在内。

数情况下,用言语下定义要比他使用概念的方式狭窄得多。在成人思维中也发生同样的不一致情况,甚至在十分高级的水平上也是如此。这就证实了这样一种假设,即概念的演进方式不同于用逻辑术语有意识地详尽阐述经验的方式。在概念帮助下对现实进行分析发生在对概念本身进行分析之前。

青少年在设法把特定情境中形成的一个概念运用于一组新的物体或环境时,会遇到另一种障碍,在那里概念中综合起来的属性以不同于原先概念的形式出现(这方面的一个例子是,把在试验性的木块中逐渐形成的"小而高"的新概念用于日常物体)。还有,青少年通常能在发展的早期阶段实现这种迁移。

比迁移本身更加困难的是给一个概念下定义的任务。这时,这个概念不再扎根于原先的情境,儿童必须在并不涉及任何具体情境或印象的抽象水平上加以系统地阐述。在我们的实验中,那些业已正确解决概念形成问题的儿童或青少年,在向概念提供言语定义时,经常会倒退到更加原始的思维水平,而且开始简单地列举概念在特定环境加以应用的各种物体。在这种情况下,儿童或者青少年像使用概念操作一样使用名称操作,不过像复合一样对它下定义——这是摇摆于复合和概念之间的一种思维形式,而且是那个过渡年龄典型的思维形式。

在所有的困难中,最大的困难莫过于:在最终掌握概念并在抽象水平上系统阐述概念以后,把概念运用于必须借这些抽象的术语来加以观察的新的具体的情境——这是一种通常只在青少年时期将近结束时才被掌握的迁移。业已证明,这种从抽象向具体的过渡,对青少年来说,如同早先时候从具体向抽象的过渡那样艰巨。我们的实验毋庸置疑地表明,在这一点上,由传

统心理学提供的概念形成的描述(它简单地复演了形式逻辑的图式)是完全与现实脱节的。

按照古典学派的观点,概念形成如同高尔顿(F. Galton)合成"家庭肖像"的照片那样,通过同样的过程来实现的。这些照片的制作过程是在同一张底片上拍摄一个家庭不同成员的照片,以便那些对几个人来说共同的"家庭"特征以非常的清晰度突显出来,而那些属于个人的不同特征则由于重叠而变得模糊不清。人们假设,这种情况发生在概念形成中,一些物体共有的特征得到了类似的强化;按照传统的理论,这些特征的总和便是概念。实际上,正如一些心理学家早就注意到的那样,也正如我们的实验所表明的那样,青少年实现概念形成所经历的道路与这种逻辑图式决非一致。当概念形成过程及其复杂性被探究时,它似乎是概念的金字塔内的一种思维运动,始终在两个方向(从特殊到一般,从一般到特殊)之间变换着。

我们的调查表明,一个概念不是通过联想的相互作用来形成的,而是通过一种智力操作来形成的,在这种智力操作中,一切基本的心理功能都参与到特定的结合之中。这种操作由词语的运用加以指导,而词语则是积极集中注意,抽取某些特征,综合这些特征,并通过一种符号使它们象征化的工具。

导致概念形成的过程沿着两条主要路线发展。第一条是复合的形成:儿童在共同的"家族姓氏"下将各种物体联合成组;该过程经历了若干阶段。第二条发展路线是形成"潜在概念",它以挑选某些共同属性为基础。在这两条路线中,词语的使用是发展过程的一个不可缺少的组成部分,而且词语在这些发展过程导致的真正概念中保持指导作用。

第六章

童年期科学概念的发展

1

为了设计把系统知识传授给学生的有效方法,了解科学概念在儿童头脑中的发展是非常必要的。它在心理科学上的理论意义并不亚于该问题的实际方面。而我们对这一课题的了解出奇地匮乏。

学校里讲授的科学概念在儿童的头脑中起了什么作用?信息同化(assimilating of information)和儿童意识中科学概念的内部发展之间又有什么联系?

对于这些问题,现代的儿童心理学有两种回答。一种思维学派认为,科学概念没有内部史(inward history),也既并不经历发展,而是通过理解和同化(understanding and assimilation)的过程被现成地吸收。大多数教育理论和方法仍以这一观点为

基础。但是,这种观点尚缺乏理论或实际运用的依据。正如我们从概念形成过程的调查中所知道的那样,一个概念不只是某种由记忆来形成的联结的总和,也不只是一种心理的习惯(mental-habit);它是一种复杂而又真实的思维活动,这种思维活动无法通过训练来教授,只有在儿童心理发展本身达到所要求的水平时,方能获得。在任何一个年龄,用词来体现的一个概念表示一种概括活动。但词义在演化。当一个新词为儿童所习得时,它的发展仅仅开始:首先,这个词是一种最原始类型的概括;随着儿童智力的发展,它不断地被高级类型的概括所取代,这个过程最终导致真正概念(true concepts)的形成。概念或词义的发展有赖于许多智力功能的发展:审慎的注意,逻辑的记忆,抽象,以及比较和分化的能力。这些复杂的心理过程不是单凭最初的学习就能被掌握的。

实践经验也表明,概念的直接教授是不可能的,而且也是没有效果的。一位试图如此做的教师,除了空洞的言辞和儿童鹦鹉似的背诵外,一无所成。虽然模仿了相应概念的知识,但实际上是一片空白。

对词和词义的性质有着深切理解的 L. 托尔斯泰(L. Tolstoy)比其他一些教育家更清楚地认识到把概念简单地转述给学生是不可能的。他曾讲述他试图把书面语言教授给农民的孩子,先把他们自己的词汇"翻译"成民间故事的语言,再把故事语言翻译成俄文书面语言。他发现当教授儿童书面语言时,不能用人为解释(artificial explanations)、强记和重复,就像教授外语一样。托尔斯泰写道:

> 我们不得不承认,我们尝试过数次……这样做时,几乎总是遇到孩子们那种不可克服的厌恶,它表明我们处在错误的轨道上。这些经验留给我一个必然的事实——解释一个词的意义是完全不可能的……。当你解释某个词时,例如"印象"这个词,你用其他某个同样不可解释的词或整个一系列词去替代,这些词之间的关系就像"印象"这个词一样不可理解。

托尔斯泰说儿童们需要的是一个从普通语言的上下文(general linguistic context)获得新概念和词语的机会。

> 当他在一个基本上能够理解的句子中听到或看到一个不识的词,并且在另外一个句子中又一次发现这个词时,他对这个新概念开始有了一种模糊的观念,或早或晚他会觉得需要用这个词,——而且一俟用到了,那么这个词和这个概念便是他的了……但是,如果故意给小学生新的概念,我认为就像教小孩通过平衡规律走路一样是不可能的和无效的(43,p.143)。

关于科学概念演化的第二种回答并不否认在儿童的头脑中存在着一个发展的过程;然而,它认为这个过程本质上并不相异于由儿童的日常经验形成的概念的发展,并且认为分别考虑两个过程是无意义的。这种观点的依据是什么?

这一领域的文献表明大多数研究者在研究儿童时期的概念形成时,使用了未经系统讲授的由儿童形成的日常概念。从这些资料中得出的一些规律也常常作为假设运用于儿童的科学概念,而且认为没有必要对这些假设进行检验。只有少数在儿童思维问题上颖悟的当代学者怀疑这种推广的合理性。皮亚杰在儿童通过他自己的心智努力而形成的现实观念与成人的决定性影响而形成的现实观念之间划了鲜明的界线;他指出第一种类型是自发的(spontaneous),第二种类型是非自发的(nonspontaneous),并承认对后者值得单独研究。在这一点上,他比儿童概念方面的其他学者更为深入。

  同时,皮亚杰理论中的错误折损了他的观点之价值。虽然皮亚杰坚持儿童在形成概念中体现了自己的心智特征,但他倾向于运用自发概念的主题,并且假定它们只有在儿童思维的特性方面给我们真正的引导;他没能看到两种概念之间的相互作用,以及使它们在儿童智力发展中统合成一个概念体系的联结。这些错误导向了其他方面。皮亚杰理论的一个基本信条是,思维发展的社会化是儿童智力发展中最本质的东西。但是,如果他关于非自发的概念性质的观点是正确的,那么在思维的社会化方面,它将遵循这样一个重要事实,即学校的学习与内在发展过程无关。这种不一致在理论上和实践上都是皮亚杰理论的一个弱点。

  从理论上说,思维的社会化(socialization of thought)被皮亚杰看做是对儿童自己的思维特征的机械废除(mechanical abolition),让它们逐步凋萎。所有在发展中出现的新东西,取代了儿童自己的思维方式。纵观整个儿童期,在两个相对抗的思维形式之间存在不停的冲突,在每个连续的发展水平上伴有一系列妥协,直到成人思维的形式得以完成。儿童自己的天性在他的智力进展中没有承担建设性的部分。当皮亚杰认为,就有效的教学而言,没有什么东西比自发的儿童思维的完备知识更重要时,他显然是受了下述观念的启迪:为使战斗成功,必须了解自己的任何一个敌人;为了研究儿童的思维发展,必须了解儿童的思维。我们将用下述的前提来驳斥这些错误的前提:非自发的概念的发展必须具有儿童思维在每一发展水平上的一切特性,因为这些概念不是通过死记硬背而被简单地获得的,而是在儿童自身艰巨的心理活动的帮助下逐渐发展的。我们相信,这两个过程——自发的和非自发的概念的发展是彼此联系和相互影响的。它们是单一过程的组成部分:概念形成的发展是受变化着的外部条件和内部条件影响的,但本质上仍是一个整体过程,不是对抗的冲突和相互排斥的心理形式。教学是学龄儿童概念的主要来源之一,也是指导它们发展的一种有效力量,它决定了儿童整个智力发展的命运。如果是这样的话,那么儿童概念的心理学研究结果就可以运用与皮亚杰的预见完全不同的方式来说明教学问题。

在详细讨论这些前提之前,我们应该在区分自发的概念与非自发的概念(特别在科学概念方面)时阐释自己的理由,并对后者予以特别的研究。

首先,我们通过简单的观察发现,概念是在全然不同的内部条件和外部条件下形成和发展的,这取决于它们是源自课堂教学还是源自儿童自己的个人经验。甚至驱使儿童形成这两种概念的动机也是不同的。当儿童在学校里同化概念和当儿童自行其是形成概念时,他的心理面临不同的问题。当我们把系统的知识传递给儿童时,我们教他许多他无法直接看到或经历的东西。由于科学的概念和自发的概念与儿童的经验有着不同的联

系,而且在儿童对事物的看法上,两者具有不同的影响。因此,可以预计它们从开始到最后形成遵循着不同的发展路径。

作为一种学习的对象而被选出的科学概念还具有启发性价值。目前,心理学家只有两种方式来研究概念的形成。一种方式涉及儿童的真实概念,但运用诸如词语定义(verbal definition)的方法,这种方法并不渗透到词语的表层以下;另一种方式允许无限的深层心理分析,但只通过研究人为设计的实验概念的形成。我们面临的一个紧迫的方法论问题是去寻找从深度上研究真实概念的方法——运用上述两种方法业已获得的结果来寻找研究这个问题的最好方法。对此,最有希望的方法似乎是研究科学概念,这些科学概念是用人为概念的方式在我们眼下形成的真实概念。

最后,这样研究科学概念对教育和教学有着重要的含义。即使这些概念未被现成同化,教学和学习在它们的获得中仍然扮演着领导的角色。发现教学与科学概念发展之间的复杂关系是一项重要的实践任务。

这些思考引导我们把日常概念与科学概念区分开来,并对它们进行比较研究。为了说明我们试图回答的这种问题,让我们使用"兄弟"这一概念——这是皮亚杰熟练地用来建立儿童思维一系列特征的一个典型的日常概念——并将它与一个在社会科学课上介绍给儿童的概念"剥削"作比较。它们的发展相同还是不同?"剥削"仅仅是重复了"兄弟"的发展过程还是(从心理学上讲)一个不同类型的概念?我们认为这两个概念的发展如同它们的作用一样必定相异,而且这两个概念形成过程的不同必定影响各自的演化。

2

为了研究科学概念的发展和日常概念的发展之间的关系，我们需要一个用来比较它们的标准(yardstick)。为了构建一种测量的方法，我们必须知道学龄期日常概念的典型特征和在此期间它们的发展方向。

皮亚杰举例证明学龄儿童的概念是以儿童意识不到关系为标志的，虽然他们用自发的、缺乏思考的方式正确地把握了这些关系。皮亚杰询问了7~8岁的儿童：在句子"因为我病了，不能去上学"中"因为"一词的词义。大多数儿童说"它意味着他生病了"；另一些儿童则说"它意味着他不能去上学了"。一个儿童不能明白这一问题并不孤立地涉及生病的事实和不能去上学的事实，而是两者的联结。然而，他确实抓住了该句子的词义。他自发地正确运用了"因为"，但并不知道如何有意地使用。这样，他便不能为句子"因为……这个男人从自行车上摔了下来"提供一个正确的填充。他经常用结果（"因为他摔坏了手臂"）来替代原因。儿童的思维本身是不周密和无意识的。那么，儿童最终又是如何达到认识并把握自己的思维的呢？为了解释这一过程，皮亚杰引用了两条心理学规律。

一个是觉知律(law of awareness)，它是由克拉帕雷德(E. Claparede)在一些关于觉知到相异先于觉知到相似的有趣实验中提出的。儿童十分自然地用类似的方式对相似的事物作出反应，并且当相异引起导致觉知的不适应状况时，他毋需意识他的反应方式。克拉帕雷德的规律认为，我们运用活动中的关系越

是顺利,我们便越难觉察到这种关系;我们觉知我们正在做的事情是与我们在适应该情境时所经历的难度成正比的。

皮亚杰运用克拉帕雷德的规律来解释7~12岁儿童思维的发展。在这一时期,儿童的心理运算(mental operations)与成人的思维反复冲突。由于缺乏逻辑,他经历了失败和挫折,这些痛苦的经历产生了意欲觉知他的概念的需要。

皮亚杰认识到,这种需要难以充分解释任何一种发展变化,他通过转换(shift)或移置(displacement)的规律补充了克拉帕雷德的规律。意识到一种心理运算意味着从活动的层面(plane)迁移到语言的层面,也就是说在想象中再造(recreate)它,以便它能用言语来进行表达。这一变化既不迅速,也不顺利。这一规律认为,在更高的言语思维(verbal thought)的层面上把握一种运算与在早期的活动层面上把握一种运算表现出同样的困难。这说明了缓慢进步的原因。

这些解释看来并不充分。克拉帕雷德的发现也许有着不同的解释。我们自己的实验研究表明,儿童觉知相异早于觉知相似,并非因为相异导致障碍(malfunctioning),而是因为对相似的觉知需要比对相异的觉知更高级的概括结构(structure of generalization)和概念化(conceptualization)。在对相异概念和相似概念的发展进行分析时,我们发现对相似的意识是以包摄相似物体的概括或概念的形成为先决条件的;而对相异的意识不需要这样的概括——它可能采用其他的方式。这两个概念的发展序列(developmental sequence)颠倒了早期对相似和相异的行为把握的序列,如此的事实并非独一无二。例如,我们的实验证明,儿童对看图演戏的反应要早于对物件叙述的反应,但对物件的充分意识要早于对活动的充分意识。①

转换的规律是普通的发生学理论(genetic theory)的一个例子,依据这一理论,在发展过程的早期阶段中观察到的某些事件或模式将会重现于它的高级阶段。这些重现的特征常使观察者因为后来的过程在更高的发展水平上出现而无法看到有意义的差别。我们可以不去讨论这种重复的原则,因为我们仅仅关注觉知发展方面它的解释价值。像觉知律一样,转换律(law of shift)可能是对学龄儿童为何没有意识到他的概念这一问题的最佳回答;它无法解释意识是如何获得的。我们必须寻找其他假说来解释儿童心理发展中的决定性事件。

按照皮亚杰的观点,学龄儿童的觉知缺乏是他日趋衰退的自我中心主义(egocentrism)的一种残余,这种自我中心主义的残余在言语思维刚开始形成的阶段仍保持它的影响。当成熟的社会化思维将剩余的自我中心主义挤出言语思维水平之外时,意识便获得了。

这样一种关于学龄儿童概念性质的解释,本质上是以儿童无力意识他的活动为基础的,而不是以面临的事实为根据的。各种研究业已表明,正是在学龄早期,以反省的觉知(reflective awareness)和有意的控制(deliberate control)为主要特征的高级智力机能已经出现在发展过程的前缘。先前的不随意注意(involuntary attention)变得随意并日益有赖于儿童自己的思

---

① 向两组年龄与发展水平相似的学前儿童呈示同样的图片。要求一组儿童表演图片的内容——这能揭示他们对图片内容即时领会的程度;要求另一组儿童用言语讲述图片——这是一项要求用概念来协调理解的任务。实验表明,"演员"表演出了有代表性的活动情境的意思,而叙述者则列举了孤立的事物。

维;机械记忆(mechanical memory)变成受意义指导的逻辑记忆(logical memory),并且能被儿童有意地运用。人们可能会说,由于对功能的控制类似于对功能的意识,因此注意和记忆变成逻辑的和随意的。然而,由皮亚杰所建立的事实不能否认:虽然学龄儿童在觉知和控制方面稳固地发展,但他们并未意识到他们的概念运算。在学龄期,除了智力本身以外,所有基本的智力功能都变为意识的和有意的。

为了分析这个表面上的反论(seeming paradox),我们必须转向决定心理发展的基本规律。其中一个规律是,意识和控制只是出现在某种功能发展的后来阶段,也即在它被无意识地、自发地运用和实践之后。为了使某种功能隶属于智力和意志的控制,我们必须首先拥有这个功能。

如果仅仅提及每一年龄阶段智力发展的显著方面,则伴随着婴儿期不加区分的功能阶段的是童年早期知觉的分化和发展以及学前儿童记忆的发展。与知觉和记忆的结构相关的注意参与了这一发展。因此,将要入学的儿童以稍微成熟的形式拥有一些他必须接着学会的需要意识控制的功能。但是概念——或者在那个阶段所谓的前概念(preconcepts)仅仅是在那时开始从复合体(complexes)中演化出来的。如果儿童在同一时期能够意识到它们并控制它们的话,那将是一个奇迹。如果有此可能,则意识不仅必须拥有它的单一功能,而且还必须产生这些功能。

在继续我们的讨论之前,我们希望弄清"意识"(consciousness)这个术语,以便我们在谈论无意识功能(nonconscious functions)"变为意识"时运用这个术语[我们用"无意识"这个术语来区分由压抑引起的意识不到的弗洛伊德派(Freudian)的

"无意识",这种压抑是后来发展的,是相对高级的意识分化的一种结果]。意识的能动性可以采取不同的方向;它可能只启发思维或行为的少数几个方面。我刚打了个结——我做得如此有意识,然而我无法解释我是如何打的,因为我的觉知集中在那个结上,而不是集中在我自己的动作上(即我的活动如何进行上)。当后者成为我的觉知对象时,我将变得十分有意识。我们运用"意识"来表示心理能动的觉知——自觉的意识。一个学前儿童在回答"你知道你的名字吗?"这个问题时,虽然说出了他的名字,但缺乏反省的觉知(self-reflective awareness):他知道他的名字,但并未意识到这种知道。

皮亚杰的研究表明,内省(introspection)只有在学龄时期才开始发展。当儿童从原始的无词知觉(wordless perception)发展到受词支配并用词表达的知觉时——即根据意义的知觉,这一过程与儿童从婴儿期过渡到童年期外部知觉的发展和观察有着很多共同之处。同样,学龄儿童从非系统的阐述发展到言语化的内省(verbalized introspection);他把他自己的心理历程看做是有意义的。但是,根据意义的知觉(perception in terms of meaning)通常意味着概括的程度。因此,向言语化自察(verbalized self-observation)的过渡意味着能动性内在形式的概括过程的开始。向内部知觉这种新类型的转化也意味着向内在能动性这一更高类型的转化,因为一种看待事物的新方法为把握这些事物开辟了新的可能性。一个棋手采取的步骤受制于他在棋秤上的所见;当他关于棋局的知觉改变时,他的战略也随之改变。当我们运用一种概括的方式知觉我们自己的某些活动时,我们把它们从我们整个心理活动中分离开来,以便集中于这个过程,

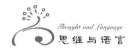

并进入与该过程的新关系之中。用此方法,我们的操作变得有意识,并且把每一种操作看做是某种心理活动(例如记忆或想象)的一个过程,这些心理活动导致我们最终把握这些操作。

学校教学促使儿童把知觉到的东西概括起来,并在帮助儿童意识他们自己的心理过程方面扮演着决定性的角色。科学概念及其相互关系的层次系统(hierarchical system)好似一种媒体(medium),在这种媒体中,觉知和掌握首先得到发展,后来又被迁移到思维的其他概念和其他领域。反省的意识经由科学概念的大门而成为儿童的财富。

皮亚杰把儿童的自发概念视作一种无意识的和非系统的特征倾向于证实我们的论点。当"自发性"用于概念时,在他的著述里,显而易见,"自发"的含义与"无意识"是同义词,其基础也是一目了然的。在操作自发的概念时,儿童并未意识到它们,因为他的注意力通常集中在概念所涉及的对象上,而非集中在思维本身的活动上。皮亚杰关于儿童的自发概念以一种超越系统的上下文关系的形式存在着的观点同样是清楚的。根据他的观点,如果我们想发现和探索儿童的隐藏于非自发概念背后的自发观念,那么我们必须把它从该系统的所有束缚中解放出来。这种方法导致了在皮亚杰的所有著作中到处可见的关于儿童对事物的无媒介态度(nonmediated attitude)的答案。

对我们来说,显而易见的是,只有当概念成为一个系统的组成部分时,它才能隶属于意识并被有意地控制。如果意识意味着概括,那么概括便意味着能使特定的概念包摄特殊的情形的一个上位概念(superord inate concept)的形成。一个上位的概念意指存在着一系列下位的概念(subordinate concept),而且也以概括水平不同的概念层次为先决条件。这样，特定的概念被置于一个概括关系的系统中。下述的例子也许可以说明出现于一个系统中的不同概括程度的功能：一个儿童学习"花"这个词，接着学习"玫瑰"这个词；虽然"花"的概念比"玫瑰"的概念具有更广的涵盖性，但儿童一般不会去说"花"的概念。"花"这个概念既不包括"玫瑰"，也不把"玫瑰"作为下位概念——这两个概念是可以交换和并列的。当"花"变得概括化时，"花"和"玫瑰"的关系就像"花"和其他下位概念的关系一样在儿童的头脑中发生了变化。一个系统产生了。

儿童在学校里获得的科学概念与事物的关系从一开始就是由一些其他的概念为中介的。因此，对科学概念的看法隐含着它在与其他概念的关系中拥有一席之地，也即它在概念的系统中拥有一席之地。我们的论点是，系统化的萌芽首先是通过儿童与科学概念的接触而进入他的心灵的，然后再被迁移到日常概念，从而完全改变了他们的心理结构。

3

科学概念与自发概念的相互关系只是一个更为广泛的主题——学校教学与儿童心理发展的关系——中的一个特例。与此有关的若干理论已被载入史册，这个问题成为苏联心理学主要关注的问题之一。为了在更为广阔的背景下提出我们自己的研究，我们就这一问题的答案回顾三种尝试。

首要的而且仍在广泛流行的理论认为，教学和发展是彼此独立的，发展被视作一个隶属于自然法则（natural laws）的成熟过程,而教学则被视作由发展所提供的机会的利用。这一思想流派试图从教学的产物中分离出发展的产物,希冀根据它们的纯粹形式来发现它们。目前,尚未有一个研究者能完成这项工作。责任通常归咎于不适当的方法,而失败则为加倍的思辨性分析所补偿。这些把儿童的智力特征(intellectual equipment)分成两个范畴的努力,可能与下述的观点携手并进:发展遵循着它的正常进程,不经教学的任何帮助也能达到高级水平——甚至不入学的儿童也能够发展接近人类的最高思维形式。然而,这一理论改变了对发展和教学之间明显存在的关系的思考:前者(发展)产生潜能(potentialities),后者(教学)实现它们。教育被视作一种以成熟为基础的上层建筑(superstructure);或者,换言之,教育与发展的关系如同消费与产品的关系。一种单向的关系是如此考虑两者关系的:学习有赖于发展,但发展的过程并不受学习的影响。

任何教学都要求某种功能的某种程度的成熟:无人能教会1岁孩子去阅读,或者让一个3岁的孩子学会写作,这些简单观察的结果就成了这个理论的依据。于是,对学习的分析就被还原为取决于发展的水平,也即各种功能对教学来说必须达到可行的条件。当儿童的记忆进展到能使他记住字母表时,当他的注意力能够集中一项乏味的任务时,当他的思维成熟到能够把握符号和声音之间的联系时,就可以开始教他书写了。该理论是第一种理论的变式,根据这一变式,教学蹒跚于发展之后。发展必须在教学开始之前完成某些循环。

最后那个陈述的真实性是显而易见的;一个必要的下限水平(minimum level)是存在的。然而,这种单向的观点导致了一系列误解。假如儿童的记忆、注意和思维已经发展到能够教他书写和算术,那么书写和算术的学习对他的记忆、注意和思维究竟有否帮助?传统的心理学回答说:有的,就它们训练了这些功能而言;但是发展的进程并未因此改变;在儿童的心理成长中没有新的东西出现;他已经学会了书写——仅此而已。这个具有旧式教育理论特征的观点,同样在皮亚杰的著述中得到渲染,皮亚杰认为,儿童的思维可以不顾他所接受的任何教学而通过某些时期或阶段;教学仍是一个外加的因子。儿童发展水平的量度不是他通过教学所习得的,而是他对他从未被教过的事物的思考方式。这里,教学和发展的分离(实际上是对立)被引向了极端。

　　第二种有关教学和发展的理论把两个过程视为同一。这是由詹姆斯(W. James)最早阐述的,它建立在联想(association)和习惯形成(habit formation)两个过程的基础之上,并提出教学和发展是同义的。目前,这种观点由于桑代克(E. Thorndike)的积极支持而复兴。这种把联想主义转译成心理学语言的反射学(reflexology)将儿童的智力发展视作条件反射(conditioned reflexes)的逐步积累;学习也可以用同样的方式来看待。由于教学和发展是同一的,因此不存在它们之间具有任何具体关系的问题。

　　以格式塔心理学(Gestalt psychology)为代表的第三种思想学派试图在逃避陷阱的情况下调和上述两种理论。尽管这种折中主义(eclecticism)导致了矛盾的方法,但实现了对两种对立观点的某种综合。考夫卡声称所有发展都具有两个方面:成熟和学习。虽然这意味着格式塔理论用不偏不倚的态度接受了上述

两种陈旧的观点,但是这种新理论仍在三个方面比其他两种理论前进了一步。

首先,考夫卡承认在发展的两个方面之间存在某种相互依存。他以许多事实为基础,证明器官的成熟是以其功能而定的,而这些功能则是通过学习和练习来提高的。成熟依次为学习提供新的机会。但是,考夫卡仅仅假定了相互的影响而未能详细检验它的性质。

其次,这种理论就教育进程本身提出了一个新概念,也即新结构的形成和旧结构的完善。于是,教学被赋予一个有意义的结构作用。就任何一种结构而言,一个基本的特征是它独立于它的原始实体(original substance)——它能被迁移至其他媒体(media)。一旦儿童形成了某种特定的结构,或者习得某种特定的操作,他便会在其他领域中运用这种结构或操作。我们施予他少量的教学,他在发展中便能获得小小的财富。

最后,这种理论与旧的理论相比,是它提出了教学和发展之间时间关系的观点。由于在一个领域内获得的教学可以迁移至儿童思维中的其他领域,并改组这些领域,因此它不仅跟随成熟或与其同步,而且在其进程中领先于成熟。不同的时间序列(temporal sequences)是同样有可能的,而且是重要的,这一观点是未被低估的折衷主义理论的一个贡献。

这种理论使我们直接面对着一个以新的姿态重现的老问题:一个与赫尔巴特(J. Herbart)相联系的差不多被忘却了的形式训练(formal discipline)理论。该理论坚持认为,就一般意义而言,比起学科知识的传授和特殊技能的训练来,教学在某些学科中发展了心理官能(mental faculties),实际上,这导致了学校教育的反作用形式,就像俄国和德国的"文科的大学预科"(classical gymnasiums),这种预科过分强调把希腊语和拉丁语作为"形式训练"的源泉。这个体系最后因为不能满足现代资产阶级教育(bourgeois education)的实用目的而被抛弃。在心理学领域内,桑代克进行了一系列研究,他竭力怀疑作为一种神话的形式训练,并证明教学对于发展没有深远的影响。他的批评虽然驳斥了对形式训练教条的荒谬夸张,但并未触及有价值的核心。

在桑代克努力驳斥赫尔巴特的概念时,他对最狭窄、最特殊、最初步的功能进行了实验。他把所有的学习都还原为联结的形成,根据这一理论观点,活动的选择并不产生差异。在一些实验里,他让被试练习辨别线条的长度,以此确立这种练习是否增加了他们在角与角之间进行辨别的能力。很自然,他发现这样的练习并未增加相应的能力。形式训练理论所假定的教学对发展的影响仅仅与数学或语言等学科有关(这些学科涉及庞大而又复杂的心理功能)。衡量线条长度的能力不会影响在角与角之间进行辨别的能力。但对母语的学习——伴随着概念的加强——可能仍与算术的学习有一些关系。桑代克的研究仅仅使之以两种教学形式出现:① 某些特别专业化的技能训练(比如打字)涉及习惯的形成和练习,而且可以经常在成人商校里发现,② 为学龄儿童提供这种教学,以便激活大范围的意识活动。形式训练的观念可能无助于第一种类型,但却能很好地证明第二种类型的有效性。它认为,在儿童文化发展中出现的高级过程,形式训练必须扮演一个它在低级过程中没有扮演过的角色;在共同的觉知、抽象和控制中都有高级机能。与桑代克的理论

构想一样,在他关于训练的迁移的研究中忽视了低级机能与高级机能之间质的差异。

在阐述我们自己关于教学和发展之间相互关系的尝试性理论中,我们以我们的四个系列调查为出发点(2)。它们的共同目的是在学校教学的某些规定的领域揭示这些复杂的关系:阅读与书写,语法,算术,自然科学和社会科学。具体的研究涉及这样一些课题,例如,把数字概念的发展与掌握十进制联系起来;儿童在解决数学问题时对其运算的觉知;一年级学生构建和解决问题的过程。许多有趣的材料表明了在学龄期间口头语言和书面语言的发展,理解比喻意义的连续水平,掌握语法结构对智力发展过程的影响,对学习社会科学和自然科学的相互关系的理解。调查集中在起始教育时心理功能的成熟水平,以及学校教育对它的发展的影响;集中在教学和发展的时间序列上;集中在不同教学学科形式训练的功能上。下面,我们将依次讨论这些问题。

(1)在我们的第一系列研究中,我们检验了学习基本的学校科目(如阅读和书写,算术,自然科学)所需要的心理功能发展水平。我们发现,在教学开始时,这些功能尚未成熟,甚至对于那些能够非常成功地掌握课程的儿童亦是如此。书面语言就是一个很好的例子。为什么书写对于学龄儿童如此困难,以至于在某些阶段[如6~8岁儿童在口头和书面"语言期"(liguistic age)]有滞后的现象?这通常用书写的新异性来解释:作为一个新的功能,它必须在言语发展的各个阶段重复;因此8岁儿童的书写必然类似于2岁儿童的说话。这个解释显然是不充分的。一个2岁儿童由于词汇量少,缺乏复杂的句子结构的知识,所以只能使用有限的词汇和简单的句法;但是,由于学龄儿童拥有口语所需的词汇量和语法结构,因此,这些词汇量和语法结构对书面语言来说是一样的。掌握书面语言的技术难度无法解释儿童在口头语言和书面语言之间惊人的滞后现象。

我们的研究表明,书写的发展并不重复口语的发展历史。书面言语在结构和功能两个方面不同于口头言语,它是一种独立的语言功能。甚至它的最初发展也需要一个高水平的抽象。它只是在思维和意象中说话,缺乏口语的乐感、表达力和抑扬顿挫性。在学习书写的过程中,儿童必须使他自己从言语的感觉方面解脱出来,并且用意象的言语来取代口语的言语。书面言语是用意象来表示的,它要求将声音符号化,变成书面符号[就是说,次级符号化(second degree of symbolization)],所以,很自然,对儿童来说,书面言语要比口头言语难度更大,正如代数要比算术难度更大一样。我们的研究表明,正是书面语言的抽象特性成为主要的绊脚石,而不是小肌肉没有发展或者任何其他的机械障碍。

书写是没有对话者的言语,向一个不在眼前的或想象中的甚或根本不存在的人致词——对儿童而言,这是一个崭新和陌生的情境。我们的研究表明,当儿童开始学习书写时,他很少具备学习书写的动机。他感到不需要书写,而且对于其用途只有一个含糊的认识。在交谈中,每句句子都是受动机驱动的。愿望或需要导致请求,问题导致回答,迷惑导致解释。对话者不断变化的动机瞬时决定着口头言语的表述。它不必有意识地去指向——动力情境(dynamic situation)会处理的。书写的动机则更为抽象,更智慧性,更远离即时的需要。在书面言语中,我们

被迫创造一种情境来对自己进行描述。这要求与实际的情境相分离。

书写还要求儿童进行深思熟虑的分析活动。在口头言语中,他很少意识到自己发出的声音,而且完全意识不到他正在实施的心理运作。但在书面言语中,他必须认知业已学过并得以保持的每个词的声音结构,并以字母表的符号顺序分解和重组单词。运用同样深思熟虑的方式,他必须把单词置于某种序列,以便组成一句句子。书面语言要求有意识的劳动,因为它与内部言语的关系不同于口头言语:当书面言语伴随内部言语并以内部言语的存在为先决条件时(书写活动意味着对内部言语的翻译),口头言语在发展的过程中先于内部语言。但是,思维的语法在这两种情形中是不一样的。人们甚至可能会说,内部言语的句法对立于书面言语的句法,而口头言语则居于两者之间。

内部语言是一种压缩的或简缩的言语。书面言语在其最充分的范围内展开,比口头言语更为完整。内部语言几乎完全是谓语性的(predicative),因为情境(思维对象)对思维者来说通常是已知的。与此相反,书面言语必须充分解释情境,以便使人容易领悟。把最为简洁的内部言语转化成最为详尽的书面言语要求所谓的深思熟虑的语义学——精心构造词义的网络。

书面言语的所有这些特征解释了为什么它在学龄儿童身上的发展远远落后于口语的发展。这种不一致源于儿童十分熟悉自发的、无意识的活动,以及缺乏抽象的、深思熟虑的操作技能。正如我们的研究所显示的,当书写教学开始时,作为书面言语基础的心理功能尚未在适当的意义上开始发展。它只有在它所需要的心理功能出现时方能建立。

在算术、语法和自然科学等领域获得了相似的结果。在每一事例中,当开始时,所需的功能远未成熟。我们将简要地讨论一下出现某些独特特征的语法事例。

语法是一个似乎很少有实际用途的科目。不像学校其他一些科目,它不为学生提供新的技能。儿童在进入学校之前已能列举动词的变化形式和变格。有种观点甚至认为,学校的语法教学可以取消。我们只能回答说我们的分析清楚地表明语法学习对儿童的心理发展具有至上的重要性。

儿童远在入学之前就已经拥有母语语法,但这是无意识的,像单词的语音成分一样,用纯粹结构的方式习得的。如果你要求年幼儿童发出组合的声音,例如 SK,你会发现儿童要想有意识地做到清晰发音是比较困难的;而在一个结构中,例如在单词 Moscow 中,他轻松地发出同样的声音。对于语法来说,情况也是如此。儿童能够在一句句子中运用正确的格或时态,但却不能按要求列举一个单词的各种变化形式和变格。他可能在学校未能获得语法或句法形式,但是,正是因为语法和书写的教学,他才逐步意识到他正在做的事,并且学习有意识地运用他的各种技能。当儿童初次认识到他正在学习书写的单词 Moscow 是由声音 m-o-s-k-ow 构成的,而且学会分别地发每一个音时,他也学到了构造句子,用言语来有意识地表述他曾无意识地做过的事情。语法和书写有助于儿童提高言语发展的水平。

因此,我们的调查表明,在一些基础科目中,教学所需的心理基础的发展并不先于教学,而是在与教学贡献的连续的相互作用中展开的。

(2) 我们的第二系列的调查集中在教学的过程与相应的心

理功能的发展之间时间的关系上。我们发现,教学通常先于发展。儿童在有意地审慎地学习运用某些习惯和技能之前,已经在一个特定的领域获得了这些习惯和技能。在教学过程和相应的功能发展之间不存在完全的平行或对应。

教学有它自己的序列和结构,它遵循一张课程表或时刻表,而且不可能期望它的规则与生活中发展过程的内部规律相一致。根据我们的研究,我们试图用曲线来表示教学的进展与参与的心理功能的进展;这些曲线非但不一致,而且显示了非常复杂的关系。

例如,学习算术的不同步骤对心理发展可能具有不等的价值。经常有这种情况,教学的三个或四个步骤对于儿童理解算术作用不大,然后,随着第五个步骤的出现,某些部分吻合了;儿童抓住了一个普遍的原则,他的发展曲线显著上升了。对这个特别的儿童,第五次运算是决定性的,但这并不是普遍规律。使一个普遍规律对儿童来说逐渐变得清楚的转折点不能通过课程事先料到。儿童并不是这样被教会十进制的;他被教会写数字,进行加法和乘法,解决问题,由于所有这些,十进制的某种一般概念最后出现了。

当儿童学习某种算术运算或科学概念时,运算或概念的发展得以开始。我们的研究表明,发展的曲线与学校教学的曲线并不一致;大体上说,教学先于发展。

(3)我们的第三系列调查类似于桑代克关于训练迁移的研究,不同的是,我们采用学校教学的科目和高级的而非低级的功能进行实验,也就是说,用那些期望具有有意义联系的科目和功能来进行实验。

在不遵循桑代克的原子论模式（atomistic model）的前提下，我们发现智力发展不是根据教学的主题来划分的。它的过程非常单一，而且不同的学校科目对它均具影响。当教学的过程遵循它们自己的逻辑顺序时，它们在儿童的头脑里唤起并引导一系列过程，儿童头脑里的这些过程难以直接观察，而且服从于它自己的发展规律。揭示这些由教学来激发的发展过程是学习的心理学研究的基本任务之一。

我们的实验特别指出了下列相互关系的事实：在不同的学校科目方面，教学所需的心理先决条件是大致相同的；就一个特定的科目而言，教学对高级功能发展的影响远远超过该特殊科目的界限；涉及各种科目学习的主要的心理功能是互相依存的——它们的共同基础是意识和深思熟虑的把握，它们是学龄期间的主要贡献。与这些发现相伴随的是，所有基本的学校科目充当了形式训练，每一科目促进了其他科目的学习；由它们来刺激的心理功能在一个复杂的过程中发展。

（4）在第四系列的研究中，我们探讨了过去尚未予以充分注意，但被我们视作学习和发展研究中至关重要的问题。

大多数涉及学校学习的心理学调查是通过让儿童解决一些标准化问题来测量他的心理发展水平。这些由儿童自己来解决的标准化问题据说能够揭示特定时期儿童的智力发展水平。但是，根据这种方法，能够测量的只是儿童发展中的完成部分，而不是整体。于是，我们尝试了不同的方法。在发现了两个儿童的智力年龄（mental age），比如说为 8 岁后，我们给每个儿童比他自己能够把握的问题更加困难的问题，并且提供少许的帮助：例如，帮助他解决第一步问题，提供一个引导性问题，或者其他

形式的帮助。我们发现,当一个儿童不能胜任为9岁儿童设计的问题时,另一个儿童在协作下则能解决为12岁儿童设计的问题。儿童实际的智力年龄与他在帮助的情况下解决问题所达到的水平之间的差异揭示了他的最近发展区(zone of proximal development);在我们的例子中,这个最近发展区对于第一个儿童来说是四,而对于第二个儿童来说是一。我们能不能确切地说两人的心理发展是相同的?经验表明,最近发展区较大的儿童在学校里将学得更好。这种测量在智力进展的动力学(dynamics)方面要比智力年龄提供了更有帮助的线索。

今天,心理学家不能分享这样一种外行的信条:模仿(imitation)是一种机械活动,如果呈现示范的对象,则任何人都能模仿几乎任何一种东西。就模仿而言,它有必要拥有从已知的事物向新事物过渡的工具。由于帮助,每个儿童可以做得比他自己能够做的更多——虽然只是在他的发展状态的范围内。苛勒发现,黑猩猩只能模仿其他类人猿实施的智力活动。事实上,长时的训练可以诱导它从事更加复杂的活动,但是这些活动是被机械地执行的,而且与顿悟地解决问题相比,它具有无意义习惯的特征。这种最聪明的动物不可能通过模仿来促进智力发展。它能被训练去操纵独特的活动,但新的习惯不会导致新的一般能力。在这个意义上说,动物是不可教的。

与此相反,在儿童的发展中,模仿和教学扮演了主要的角色。它们阐明了人类心理的特征,把儿童导向新的发展水平。在学习说话的过程中,就像学习学校科目一样,模仿是必不可少的。今天,儿童在协作的情形下能做的东西,明天他就能自己去做。因此,一种合理的教学就是使它走在发展的前头,并引导发展;不必像考虑成熟的功能那样过多地考虑成熟。它坚持认为有必要去决定教学的最低限度，例如算术教学得以开始的最低限度，因为某种最低限度的功能成熟是需要的。但我们必须考虑较高的限度；教学必须面向未来，而不是面向过去。

有一段时间，我们的学校喜欢使用教学的"复杂"体系（complex system），认为这种复杂体系顺应儿童的思维方式。为儿童提供无需帮助便能自己把握的问题时，这个方法难以利用最近发展区，把儿童引向了他还不会做的问题。教学指向儿童的弱处而不是他的长处，从而使他停留在学前的发展阶段。

对教学的每个科目而言，存在一个儿童对它最易接受而具最佳影响的时期。它被蒙台梭利（M. Montessori）和其他一些教育家称为"敏感期"（sensitive period）。这个术语在生物学中也被运用，意指在个体发生发展的各个阶段，有一时期有机体对某些事物的影响特别易于作出反应。在这一时期，某种或早或迟均无效果的影响会明显地影响发展过程。但是，对一个特定科目的教学来说，最佳期的存在不能用纯粹生物学术语来解释，至少不能用来解释像书面言语那样复杂的过程。我们的调查证明了在此期间高级机能发展的社会性质和文化性质，也就是说，它依赖于成人的协作和教学。然而，蒙台梭利的资料保留了它们的意义。例如，她发现，如果一个儿童在4~5岁早早地被教授书写，他便通过"爆发性书写"（explosive writing）来作出反应，这是一种对书面言语丰富的想象的运用，无法为年龄稍长的儿童所复制。这是一个当相应的功能尚未充分成熟，而教学就具有强大影响的显突例子。我们的研究资料充分证实了所有教学科目中敏感期的存在。整个学龄时期是需要觉知和审慎控制

来进行操作的教学的最佳时期;当高级的心理机能正在成熟时,教学在这些操作中最大限度地促进了它们的发展。这也可以用于学校教学促使儿童科学概念的发展。

4

在我们的指导下,雪夫从事了一个学龄期儿童科学概念和日常概念发展的调查(37)。该调查的主要目的是用实验的方法测试我们关于科学概念的发展与日常概念的发展进行比较的假设。为儿童提供结构上相似的问题,以便他去处理科学的材料或日常的材料,并且比较他的解答。实验包括从活动开始时呈示的一系列图片中编制故事,它的顺序,它的结尾,以及用"因为"或"虽然"来完成句子片断;这些测试作为临床探讨(clinical discussion)的补充。第一组测试材料来自二至四年级的社会科学课程。第二组测试材料使用日常生活的简单情境,例如,"因为……这个男孩出去看电影","虽然……这个女孩还不会阅读","因为……他从自行车上摔了下来"。研究的附加方式包括测试儿童在为此目的而特别组织的课程中知识和观察的程度。我们研究的儿童是小学生。

下页表对每一年龄组分别予以比较,资料分析表明当课程提供必要材料的时候,科学概念的发展先于自发概念的发展。

我们该如何解释科学概念的问题比类似的日常生活概念的问题更经常地被正确解决这一事实?我们可以马上摒弃这样一种观点,即儿童借助于学校里得到的实际信息,并且缺乏日常问题的经验。像皮亚杰的测试那样,我们的测试是去处理对儿童来说熟悉的事物和关系,以及他在交谈中经常自发提及的事物和关系。没人能够假设一个儿童对自行车、孩子或学校比对集体奋斗、剥削或巴黎公社(Paris Commune)知道得更少。熟悉方面的优势全部在日常概念一边。

正确完成的句子片断	二年级(%)	四年级(%)
用"因为"完成的句子片断		
科学的概念	79.7	81.8
自发的概念	59.0	81.3
用"虽然"完成的句子片断		
科学的概念	21.3	79.5
自发的概念	16.2	65.5

儿童一定发现解决生活情境中的问题是困难的,因为他意识不到他的概念无法按任务的要求随意地处理它们。一个8~9岁的儿童在自发的交谈中正确使用"因为";但他不会说一个男孩摔倒并跌坏了腿是因为他被送进了医院。然而,这要到儿童对"因为"概念变得完全有意识并在实验中运用。另一方面,他正确地完成了社会科学科目的句子:"计划经济在苏联是可行的,因为没有私有财产——所有土地、工厂和植物属于工人和农民。"为什么他在这个事例中能完成运作?因为教授学生的教师已经解释过,提供了信息、质疑、修正,并且让学生解释过了。儿童的概念在教学的过程中,经与成人的合作而成形。在填充句子时,他独立地运用了合作的成果,无形的成人帮助使儿童能比解决日常问题更早地解决这样的问题。

在同一年龄水平(二年级),"虽然"的句子出现了不同的情景:科学概念并不先于日常概念。我们知道,在儿童的自发思

维中,逆向关系(adversative relations)要比因果关系出现得迟。一个处于该年龄阶段的儿童能够学会自觉地使用"因为",这是因为他已经到了掌握并自发运用它的时期。他不曾运用同样的方式掌握"虽然",自然不会在他的"科学"思维中有意地使用;因此,成功的百分比在两组测试中同样是低的。

我们的资料表明儿童在解决日常概念的问题方面进步迅速:在四年级,"因为"片断由同样频率的日常材料和科学材料来正确填充。这证实了我们的假设:在科学概念领域达到高水平的儿童也提高了自发概念的水平。一旦儿童对一些概念形成了意识和控制,那么早先形成的所有概念都将相应重建。

四年级儿童在逆向范畴的科学概念和自发概念之间的关系方面表现出与二年级儿童在因果范畴方面极为相似的情景。正确解决科学概念这一任务的百分比超过了解决日常概念的百分比。如果两个范畴的动力是相同的,可以期望日常概念在下一个发展阶段有明显提高,并最终赶上科学概念。两年后开始的,"虽然"的整个发展过程将两倍于"因为"的发展过程。

我们认为,我们的资料证实了儿童的科学概念和自发概念起始的假设——例如,"剥削"和"兄弟"——它们按照相反的方向发展:起点相差很远,却又互相接近。这是我们假说的关键之点。

儿童较晚才开始意识到他的自发概念;用词语精确地界定它们、随意地运用它们的能力远在他获得概念之后才呈现。他拥有概念(也就是说,知道概念所涉及的对象),但没有意识到他自己的思维活动。另一方面,科学概念的发展通常始于它的言语界定,以及在非自发地运作中予以使用——伴随着概念自身的运作。儿童头脑中的科学概念是在儿童自发概念稍迟达到的水平上开始其生存的。

一个儿童的日常概念,例如"兄弟"的概念,是饱含经验的。然而,当他被要求解决一个像皮亚杰实验中关于兄弟的兄弟这一抽象问题时,他开始混淆了。另一方面,尽管他可以正确地回答"奴隶制"、"剥削",或"内战"等问题,但这些概念只是图式的(schematic),缺乏个体经验的大量内涵。随着进一步的学校作业和阅读过程,它们逐渐丰富起来。人们可能会说,儿童自发概念的发展是向上的,他的科学概念的发展是向下的,到达更为基本的和具体的水平。这是两种概念以不同的方式显现的结果。当一个科学概念涉及从最初的"中介"态度(mediated attitude)直至它的对象时,自发概念通常可被追溯至直接接触到的一个具体情境。

虽然科学概念与自发概念沿着相反的方向发展,但是两个过程是密切相连的。一个自发概念的发展必须使儿童达到某种水平,以便吸收相关的科学概念。例如,只有当儿童对于过去的日常概念能予以充分分化的时候——当他自己的生活和他周围人的生活能用"过去和现在"给予基本概括的时候,历史的概念才会发展;他的地理和社会的概念必须由"这里和别处"的简单图式来产生。在其缓慢地向上运行中,日常概念为科学概念及其向下发展清出一条道路。它为概念的更原始、更基本的方面(它给了概念以本体和活力)的演化创造了一系列必要的结构。科学概念依次为儿童有意识地和审慎地使用的自发概念的向上发展提供结构。科学概念通过自发概念向下运行;自发概念通过科学概念向上运行。

　　科学概念对儿童智力发展的影响类似于学习外语的影响,因为学习外语是一个从开始起就是有意识的和审慎的过程。在一个人的母语中,获得基本的言语能力总是比复杂的言语能力早。后者以一些语音、语法和句法等形式的意识为先决条件。在外语方面,一些高级的形式比自发的流利的言语先发展。这个关于语言发展的起始阶段便能充分把握符号和意义之间关系的智力理论,例如斯特恩(W. Stern)的理论,包含了对外语实例中真实性的量度。儿童在外语方面的长处是他母语中的短处,反之亦然。在儿童自己的语言里,他对动词变化形式和变格能作出正确反应,但无法意识到这一点。他无法说出词性、格和他正在使用的词的时态。在外语方面,他能区别阴性和阳性,并且从一开始便能意识到语法形式。

　　在语音方面,也存在同样情况。儿童对母语难以正确发音,他意识不到自己发出的声音,而且在学习拼读时,他很难把一个单词划分成组成的音节。在外语方面,他能容易地这样做,而且他的书写并不落后于他的说讲。他发现很难把握发音,也即"自发的语音"(spontaneous phonetics)。只有通过长期艰巨的学习,儿童才能迅速而且无误地说出受语法结构支配的自发言语。

　　成功地学习外语视母语的成熟程度而定。儿童能够从他已经拥有的意义系统中迁移新的语言。反之亦然——外语促进了更高形式的母语的掌握。儿童学着把他自己的语言视作许多系统中的一个特殊系统,在更为一般的类别上看待它的现象,并且导致他意识其语言的运作。歌德(W. Goethe)确实说过:"不懂外语的人不会真正懂得他自己的母语。"

　　科学概念和自发概念之间存在着的相互作用与母语和外语

之间存在着的相互作用的可类比性并不令人吃惊,因为这两个过程都属于言语思维的发展范围。然而,它们之间也存在基本的区别。在外语学习中,注意力集中于言语思维外部的、发音的和有形的方面;在科学概念的发展中,注意力却集中于语义方面。两个发展过程沿着相似而又彼此独立的途径运行。

然而,两者对新系统如何形成的问题都提出一个单一的答案,这些新系统在一些早期的言语(一般说来指书面言语,外语,言语思维)方面可作结构上的类比。我们的研究所产生的实验证据未能证实关于转化和移置的理论,这种理论认为后来的阶段重复了早期阶段的过程,包括已经在低级阶段被克服了的困难的再生。我们所有的证据都支持这样的假说:类比系统在高级水平和低级水平上沿着相反的方向发展,每个系统影响别的系统,而且得益于别的系统的长处。

现在,我们可以转向一个系统中概念的相互作用——这是我们分析中的一个焦点问题。

概念并不像袋中的豌豆那样彼此之间毫无联系地存在于儿童的头脑之中,如果真是那样的话,那么既没有要求思维协作的智力运作,也没有任何关于世界的概念。甚至没有单独的概念能够存在;因为它们本来就是一个系统。

对各年龄水平儿童概念的研究表明,概括(植物,花,玫瑰)程度是基本的心理逻辑变量,根据这些变量,概括水平就能成为一个有意义的序列。如果每个概念都是一种概括,那么概念之间的关系就是一种概括的关系。这种关系的逻辑方面要比它的发生学和心理学方面更充分地得到研究。我们的研究打算填补这个空缺。

我们把儿童真实概念的概括程度与儿童在实验的概念形成——概念混合(syncretism)，复合(complex)，前概念(preconcept)和概念中——达到的阶段和时期进行了比较。我们的目的是去发现在以这些阶段为代表的概括结构与概念的概括程度之间是否存在确定的关系。

不同程度概括的概念可能发生在一个相同的概括化结构之中。例如，"花"和"玫瑰"的观念可能同时出现在复合的思维阶段。同样，相等程度概括的概念可能出现在不同的概括化结构之中，例如"花"既适用于概念思维，也适用于复合阶段的任何一种花和所有的花。然而，我们发现，虽然缺乏完全的对应，但是每一阶段或概括的结构有其对立的一个独特概括水平，一种上位概念和下位概念的特殊关系，以及一种具体与抽象的典型结合。"花"这个术语在复合水平和概念水平上被相等地概括，但只是在与它所涉及的对象相联系时才这样。这里，相等概括并不意味着包括该术语运用在内的所有心理过程的同一。这样，在复合思维中，"花"和"玫瑰"的关系不是上位关系；广义和狭义的概念共存于同一层面(plane)。

在我们的实验里，一个哑孩没有多大困难就学会了桌子、椅子、五斗橱、长沙发、架子等词。然而，"家具"这一术语被证明太难掌握了。同样是这个儿童，成功地学会了衬衫、帽子、外衣、裤子等词，但不会从这一系列的水平上掌握"服装"的概念。我们发现，在某个发展水平，儿童难以从一个词义"径直"运动到另一个词义，也就是说，儿童难以理解它们的概括关系。他的所有概念都在一个层次上，直接与物体相联系，用物体本身被划定的同样方式来划定概念彼此的界线：言语思维仅仅是一种知觉的、物体决定思维的依赖成分。因此,这个阶段在词义发展方面必定被认为是一个早期的、前概念混合(presyncretic)的阶段。第一个概括性概念的出现(例如"家具"或"服装")就像第一个有意义的词那样是进步的一个重要征象。

词义发展中的更高水平是受概念相等律(law of equi-valence of concepts)支配的,根据概念相等律,任何概念能够用无数的方式借其他的概念来阐释。我们将通过一个不那么准确完美但基本能达到目的的类比法来说明构成这个概念相等律基础的图式。

如果我们把所有的概念想象成分布在地球的表面,那么每个概念的位置可以用并列(coordinate)系统(相当于地理的经和纬)的意义来界定。这样的并列之一将标明在最大限度地概括抽象的概念和对物体的直接感官控制之间概念的位置(也即它的具体和抽象程度)。第二个并列将表示这个概念的客观参照,也即它在现实中所处的位置。两个用于不同现实领域但在抽象程度上可以比较的概念(例如,植物和动物)能被理解为纬度不同但经度相同。地理学的类比在一些细节上出了毛病:例如,用于广泛的内容领域的概括化概念将是用线而不是用点来表示的。但是,它表明了这样一个观念:为了充分地给每个概念以特征,必须把它置于两个连续体(eontinua)之内——一个代表客观的内容,而另一个代表了解内容的思维活动。两个连续体的相交决定了特定的概念与其他概念——它的并列概念、上位概念和下位概念——之间的所有关系。在整个概念系统中,一个概念的位置被称做它的概括量度(measure of generality)。

以相等律为基础的概念的各种互相关系是由它们各自的概

括量度决定的。让我们举两个极端的例子：儿童早期（前概念混合）缺乏任何概括程度的词语和通过算术学习发展起来的数字概念。显然，在第一个事例中，每个概念只能由其自身来表达，而不能通过其他概念。在第二个事例中，任何数字可以用无数的方式来表达，因为数字的无限性，因为任何数字概念包含了它与所有其他数字的一切关系。例如，"1"可以表达成"1000减999"，或者像任何两个连续数字之间的差那样，或者像任何一个能被自己除的数字那样，以及用大量其他的方法来表达。这是一个概念相等的纯粹例子。在某种程度上，相等有赖于概念之间的概括性关系，而且对于概括性的结构而言这些概念是特定的，后者决定了在其领域内概念相等的可能性。

  概括的量度不仅决定了概念的相等，而且决定了用一个特定概念来进行智力运作的一切可能性。所有的智力运作——比较、判断、推论——要求在我们描绘的并列网络中进行某种运动。概括结构的发展变化也在这些运作中引起变化。例如，当概括和概念的相等达到更高的水平时，儿童不依靠词汇的记忆思维变得更容易了。一个年幼儿童必须再现词义曾被传达给他的确切词汇。一个学龄儿童已经能够用他自己的词汇回答某个比较复杂的词义；这样，他的智力自主性提高了。在概念思维的病理性障碍中，概念的概括性量度被歪曲了，抽象和具体之间的平衡被扰乱了，与其他概念的关系变得不稳定了。把握物体和物体与概念之间关系的智力活动失去了它的统合性（unity），而且思维开始步入破碎、反复无常和不合逻辑的行列。

  我们研究儿童真实概念的一个目标是去发现他们概括结构的信度指标（reliable indices）。只有在其帮助下，发生学的图式

(genetic schema)才能通过我们关于人工概念的实验研究(适用于儿童发展真实概念的人工概念)而产生。这样的一个指标最终在概念的概括量度中被发现,这种概括量度在发展的不同水平上变化,从概念混合的形成到概念本身的产生。对儿童真实概念的分析也帮助我们去确定概念在它们与物体的关系,与词义的关系,以及与它们参与实施的智力运作的关系上所处的不同发展水平。

此外,关于真实概念的调查也通过下述的辨析而补充了实验研究:概括发展中出现的每个新阶段是以先前的概括水平为基础的;早期阶段智力活动的产物并没有失去。连续阶段之间的内在联系在我们的实验中没有被发现,因为在每个错误的解决方式后,被试不得不放弃他业已形成的概括,并且全部重新开始。实验物体的性质也不允许他们用层次的术语来概念化。

真实概念的调查填补了这个缺陷。学前儿童的观念(这些观念具有复合的结构)不是从个别物体的聚类意象(grouping images),而是从详细描述早期阶段决定了的概括中发现结果的。在一个更高的水平上,我们发现在算术和代数概念发展的新旧形态之间有着类比的关系。从前概念(学龄儿童的算术概念通常是前概念)上升到真实概念(例如青少年的代数概念),是通过概括早期水平的概念而达到的。在早期阶段,物体的某些方面被抽象出来,并概括成数量观念。代数概念代表了某些数量方面的抽象和概括,而不是代表物体,由此,意味着一个新起点——一个新的、更高层次的思维。

新的、更高级的概念依次改变较低级的词义。已经掌握代数概念的青少年具有用广泛的观点来理解算术概念的优势。我

们已经从十进制转化到其他数字系统的实验中特别清楚地看到了这一点。在儿童尚未像这样有意识地用十进制进行运算时,他并没有掌握这个系统,相反却为它所限制。当他能把十进制视作宽泛概念的一个特例时,他便会有意地运算这个数字系统或其他数字系统。这种从一个系统转化到另一个系统(例如,从十进制系统转化到以五为基础的系统)的能力是意识发展到新水平的标准,因为它标志着一个计算系统的一般概念的存在。在这个从一个意义水平过渡到下一个意义水平的例子中,儿童并没有分别重组他早期的概念(实际上这将是一种艰苦而无尽头的工作)。一俟一种新的结构纳入他的思维———一般通过学校中新近获得的概念———它逐渐延伸至旧的概念,就像把它们拖至更高类型的智力运算一样。

我们关于儿童真实概念的调查有助于说明思维理论的另一个重要问题。符茨堡学派认为,直接的思维过程不是受联想的联结支配的,但它并没有澄清实际上决定这个过程的特定事实。格式塔(Gestalt)心理学用结构的原则代替联想的原则,但未能把思维与知觉、记忆和所有隶属于结构规律的其他功能区别开来;它在把所有功能还原到一个水平上时重复了联想理论的模式。我们的调查有助于超越这个模式,因为我们的调查表明一个更高水平的思维受概念之间概括关系的支配———一种缺乏知觉和记忆的关系系统。威特海默(M. Wertheimer)认为,创造性思维(productive thinking)取决于把问题从一个首先理解了的结构迁移至完全不同的结构或背景。但是,为了将一个思维的对象从结构 A 迁移到结构 B,人们必须超越特定的结构联系,正如我们的研究所表明的那样,需要向一个更大的概括层面转化,向一个归纳和驾驭结构 A 和结构 B 的概念转化。

现在,我们可以在资料充分的基础上重申:一个系统的缺乏是区别自发概念和科学概念的最重要的心理依据。它能够表明由皮亚杰描述过的儿童思维的一切特征(例如概念混合,并列,对矛盾的感觉迟钝)在儿童的自发概念方面遏制了系统的缺乏——概括关系没有得到发展的结果。例如,由于矛盾的扰乱,儿童将会根据一个系统内的一般原则去看待矛盾的陈述。但是,当一个儿童在皮亚杰实验中说到一个溶解于水中的物体是因为其小,经验的缺乏——而且未把概念混合视作梦想逻辑与现实之间的中间物——解释了儿童思维的特征。此外,这些特征并未出现在儿童的科学概念之中,这些科学概念从一开始便具有概括的关系,也就是说,具有一个系统的某种雏形。科学概念的形式训练逐渐转变儿童自发概念的结构,并且帮助他们组织一个系统;这促使儿童向更高发展水平迈进。

我们对皮亚杰的异议仅仅集中在一点上,但它是重要的一点。他假定发展和教学是完全分离的、不能相应的过程,教学的作用仅仅引入成人的思维方式,这些成人的思维方式是与儿童自己的思维方式相抵触的,并最终取代儿童的思维方式。脱离教学的影响来研究儿童的思维,正如皮亚杰所做的,排除了变化的非常重要的来源,并且妨碍了研究者去研究每个年龄水平特有的发展和教学的相互作用问题。我们的研究则集中于这一相互作用上。业已发现,在自发概念和科学概念之间具有许多复杂的内在联系,我们希望将来的比较研究能够进一步证明它们的相互依存关系,同时我们期望能将研究延伸到对低年龄水平发展和教学的研究。毕竟教学并非从学校开始的。一个未来的

研究者也许会更好地发现儿童的自发概念是学前教学的产物，就像科学概念是学校教学的产物一样。

5

除了理论性的结论外，我们关于科学概念和日常概念的比较研究产生了一些重要的方法论结果。我们用于这一研究的方法使得我们填补了实验调查和对真实概念调查之间的鸿沟。从学龄儿童学习社会科学、图解化和基础学科的心理历程中搜集到的信息暗示着有可能改进学科的教学。

溯及以往，我们意识到一些遗漏和某些方法论的缺陷，也许它们在新领域的最初探索中是不可避免的。我们未能在学龄儿童日常概念的性质上予以详细的实验研究，因而也就没有留给我们用来描述学龄期儿童心理发展整个过程的资料。所以，我们对皮亚杰基本课题的批评缺乏可靠的、系统获得的事实的充分支持。

科学概念的研究仅仅涉及一个范畴——社会科学的概念——并且为研究而选择的特殊概念并未形成或提示一个该学科的逻辑所固有的系统。虽然我们学着把科学概念与自发概念的发展进行比较，但是我们几乎没有揭示有关社会学概念发展的独特规律。将来的研究将包括来自学校教学不同领域的概念，每一组概念都与一组来自相似经验领域的日常概念相匹配。

最后，不可忽视的一点是，我们研究的概念教学未被充分地分化。例如，在使用"因为"的填充句子方面，我们没有像皮亚杰在其研究中所做的那样分离出各种类型的因果关系（经验主义的,心理学的,逻辑的)。如果我们这样做的话,那么我们将能在测试不同年龄的学龄儿童的操作上给出更好的区分。

尽管如此,这些缺陷有助于设计将来的调查。目前的研究仅仅是在探索儿童思维心理学的一个新的和大有希望的领域中迈出的第一步。

第七章

思维和言语

我已经忘掉了想要说的话，
而我的思维，
由于没有具体化，
回到了隐蔽的王国。①

1

我们带着试图发现种系发生(phylogenetic)和个体发生(ontogenetic)早期阶段中思维和言语之间的关系这一目的而开始了我们的研究。我们在思维的发生学根源(genetic roots)和

---

① 摘自 O. 曼德尔施塔姆(O. Mandelstam)的一首诗。

言语的发生学根源之间没有找到特定的相互依存关系。事情很清楚,我们正在寻找的这种内在的关系并非人类意识的历史发展的先决条件,而是人类意识的历史发展的产物。

在动物中间,甚至在类人猿中间,它们的言语在语音上与人类语言相似,而且它们的智力也与人类的智力相似,然而,它们的言语和思维仍然互不相关。思维中的前语言时期(pre-linguistic period)和言语中的前智力时期(preintellectual period),毫无疑问也在儿童的发展中存在着。思维和言语并不是由一种原始的联系联结起来的。联结(connection)是在思维和言语的演化过程中发生、变化和成长起来的。

然而,要是认为思维和言语是两个互不关联的过程,或者相互平行或者交叉于某些点上,并机械地相互影响,那便是错误的。不存在一种原始的联系并不意味着思维和言语之间的联结只能用一种机械的方式才可以形成。大多数早期的调查研究之所以徒劳无益,主要是由于下列假设,认为思维和言语是相互孤立的、互不依存的两个要素(elements),而言语思维(verbal thought)则是它们外部联合的结果。

基于这种概念的分析方法肯定会失败。它通过把言语思维分解成它的组成要素(思维和言语),以谋求对言语思维特征作出解释,可是,思维和言语一旦被分别对待,便都不具有整体的特征。这种方法不是有助于解决具体问题的真正分析。相反,它导致了类化(generalization)。我们把这种方法与将水分解为氢和氧作一比较——后者可以把研究结果应用于自然界中存在的一切水,从太平洋到一滴雨水均可运用这一分析。与此相似,认为言语思维由智力过程和言语功能本身组成,并把这一观点

应用于一切言语思维及其表现形式,但是对于研究言语思维的学者所面临的特殊问题却无法作出任何解释。

对此课题,我们尝试了一种新方法,并用"单位"(units)分解的形式取代了"要素"分解的形式,每一"单位"以简单形式保留了整体的所有特征。我们在词义(word meaning)中发现了言语思维的这种单位。

一个词的意义代表了一种思维和语言的混合(amalgam),以至于很难说清它是一种言语现象还是一种思维现象。没有意义的词是一种空洞的声音;因此,意义是"词"的标准(criterion),是词的不可缺少的组成部分。从这一点上看,它可被视作一种言语现象。但是,从心理学的观点来看,每个词的意义是一种类化或者一种概念。由于类化和概念不可否认地都是思维活动(acts of thought),因此我们可以把词的意义看做是一种思维现象。然而,不能由此得出这样的结论,即词的意义从形式上说属于精神生活的两个不同的领域。词义之所以是一种思维现象,仅仅是就思维具体体现在言语之中而言的,至于词义是一种言语现象,仅仅是从言语与思维相联结并由思维所启发(illumined)的角度而言的。因此,词义是一种言语思维现象,或者说是有意义的言语(meaningful speech)——言语和思维的一种联合。

我们的实验研究充分证实了这一基本论点。这些实验研究不仅证明把词义作为分析单位有助于具体研究言语思维的发展,而且这些研究还进一步产生了一个课题,我们认为这个进一步的课题是我们研究的主要结果,而且它的产生直接来自第一个课题:即词义发展的课题。这种顿悟(insight)必须取代词义不可改变的假设。

　　从心理学的一些旧学派的观点来看，词和意义之间的联系是一种联想（associative）的联系，这种联系是通过反复地同时感知某种声音和某种物体而建立起来的。一个词使人联想起它的内容，如同一位朋友的大衣使我们联想起那位朋友一样，或者如同一所房子使我们联想起其中的住户一样。词和意义之间的联想可以变得很强也可以变得很弱，可以通过与同类其他物体的联系而变得丰富起来，扩展到更广的范围，也可以受到更大的限制等等，也就是说，这种词和意义之间的联合可能经历量的变化和外部的变化，但是它却无法改变其心理性质。为了做到这一点，它就必须停止成为一种联想。根据这种观点，词义中的任何发展都是不可解释的和不可能的——这种观点包含的意思既对心理学不利，也对语言学不利。语义学（semantics）一旦把自身托付给联想理论，它便坚持将词义作为词的声音和词的内容之间的一种联想。一切词语，从最具体的到最抽象的，在涉及词义问题时，似乎是以同样的方式形成的，而且对于言语本身来说似乎并不包含任何特殊的东西；一个词使我们想起它的意义，正像任何一种物体可以使我们想起另一个物体一样。语义学甚至没有提出词义发展这个更大的问题，似乎并不令人感到惊奇。在单个词语和单个物体之间的联想性联结中，发展被还原为（reduced to）变化：一个词可能起先指一种物体，然后又与另一种物体联合起来，正如一件已经变换了物主的大衣，可能先使我们想起一个人，然后又想起另一个人。语言学并未认识到，在语言的历史演化中，这种意义的结构及其心理性质也会发生变化。言语思维从原始的类化开始，逐步上升到最抽象的概念。期间

发生变化的不仅仅是一个词的内容,还有现实在一个词中得以概括和反映的方法。

联想理论在解释儿童期的词义发展方面同样是不恰当的。这里,它也只能解释在把词和意义联合起来的联结中纯属外部的和量的变化,说明这些变化丰富起来和加强起来的原因,但是却无法解释基本结构的变化和心理变化的原因,这些变化在儿童的语言发展中可能而且确实发生了。

十分奇怪的是,联想主义(associationism)一般说来已被抛弃的事实一段时期以来似乎并没有对词和意义的解释产生影响。符茨堡学派的主要目标是证明将思维还原为一种联想游戏是不可能的,并且表明存在着支配思维流(flow of thought)的特殊规律,即使这样,该学派并没有对词和意义的联想理论进行修正,或者甚至承认有必要进行这种修正。该学派将思维从感觉和想象的桎梏中解放出来,从联想律(laws of association)中解放出来,从而把它转化为一种纯粹的精神活动(spiritual act)。这样一来,它便回到了圣·奥古斯丁(st. Augusine)和笛卡儿(R. Descartes)的前科学概念上去,并最终到达了极端的主观唯心主义(subjective idealism)。思维心理学正朝着柏拉图(Plato)的观念移动。与此同时,言语也就听任联想的摆布了。甚至在符茨堡学派的研究以后,词和词义之间的联结仍被认为是一种简单的联想性联结。词被看做是思维的外部伴随物,是套在思维外面的服装,对思维的内部生活并不产生任何影响。思维和言语从来没有像在符茨堡时期那样被广泛地分隔开来。在思维领域中推翻了联想理论,实际上增加了它在言语领域里的统治。

其他一些心理学家的研究工作进一步强化了这种倾向。塞尔兹(Selz)继续研究思维而不考虑它跟言语的关系，并进而得出结论说，人类多产的思维和黑猩猩的心理运作在本质上是一致的——他竟如此彻底地忽略了词语对思维的影响。

甚至就阿赫而言，虽然他对词义作了专门研究，并且设法在他的概念理论中克服联想主义，但仍然坚持认为在概念形成过程中存在一种与联想一起运作的"决定性倾向"(determining tendencies)。由此看来，他得出的结论并没有改变对词义的旧有理解。由于把概念与词义等同起来，他并没有考虑概念中的发展和变化。一个词的意义一旦得到确立便永远固定下来；它的发展也就完成了。正是那些遭到阿赫攻击的心理学家也讲授了同样的原理，对于双方来说，起点也就是一个概念发展的结束；而双方的不一致之处仅仅在于词义开始形成的方式而已。

在格式塔心理学中，情况并非十分不同。该学派比其他一些学派更加一贯地试图超越联想主义的一般原则。它并不满足于这个问题的部分解决办法，而是设法把思维和言语从联想律中解放出来，并把两者置于结构形成(structure formation)的规律之下。令人惊诧的是，在现代心理学学派中，即使这个最进步的学派也没有在思维和言语的理论中取得任何进展。

首先，它继续坚持把这两种功能完全分开。按照格式塔心理学的观点，思维和言语之间的关系似乎是一种简单的类比关系(analogy)，两者可以还原为一种共同的结构特性(structural denominator)。一个儿童所形成的第一批有意义的词被看做与苛勒实验中黑猩猩的智力操作相类似的东西。词语进入事物结构之中，从而获得某种功能意义，正如在黑猩猩的情境中一样，

棍棒成为黑猩猩获得水果的结构的组成部分,由此获得了工具的功能意义。词和意义之间的联结不再被视作简单的联想问题,而是一种结构问题。乍一看,这种观点好像前进了一步。但是,如果我们更为密切地探索这种新方法,便容易看到这种前进不过是一种幻觉,我们仍然站在原地。结构原则像先前的联想原则一样,采用同样一致的方式应用于事物之间的一切关系。可是,它仍然无法处理词和意义之间的特殊关系。词和意义之间的特殊关系从一开始就被认为原则上与事物之间的其他关系完全一致。正如在联想主义看来晨雾中的猫是灰色的一样,在格式塔心理学看来黄昏时的猫也是灰色的。

当阿赫谋求以"决定性倾向"克服联想主义时,格式塔心理学却以结构原则与联想主义作斗争——然而,它保留了旧理论的两个基本错误:假设一切联结具有完全相同的性质,假设词义不变。旧心理学和新心理学都假设词义的发展终止于它刚开始出现之时。心理学中的新趋向除了在思维和言语研究中没有取得进展以外,在一切分支中均取得了进展。在思维和言语领域,新原理和旧原理十分相似,犹如一对孪生儿一样。

如果说格式塔心理学在言语领域中停滞不前的话,那么它在思维领域中则是倒退了一大步。符茨堡学派至少承认思维具有其自身的规律。而格式塔心理学则否认这些规律的存在。格式塔心理学通过把家禽的知觉,黑猩猩的心理运作,儿童的第一批有意义的词语,以及成人的概念思维还原为一种共同的结构特征,从而消除了最基本的知觉和最高级的思维形式之间的每一种区别。

这种关键性的述评可以总结如下:一切心理学学派和倾向

忽略了每种思维都是一种类化这样一个基本的观点；而且它们都研究词和意义却不涉及发展。只要在继后的趋势中继续存在这两种情况，就不可能在处理该问题时出现很大差别。

2

发现词义的演化使思维和言语的研究走出了死胡同。词义是动态结构（dynamic formations）而不是静态结构（static formations）。它们随着儿童的发展而变化；也随着思维功能的多样化而变化。

如果词义就其内在本质而言是变化的话，那么思维与词的关系也会发生变化。为了了解那种关系的动力，我们必须用功能分析（functional analysis）来补充我们主要研究的发生学方法，并考察思维过程中词义的作用。

让我们从一种思维的初时的朦胧激发到它的系统阐述来考虑言语思维的过程。现在，我们意欲表明的不是长时期来词义如何发展，而是词义在活生生的言语思维过程中发挥作用的方式。根据这样一种功能分析，我们将能够表明词义发展的每个阶段在思维和言语之间有其自身的特殊关系。由于功能问题可以通过考察一种特定活动的最高形式而十分容易地得到解决，因此我们将把发展的问题暂时搁置一边，并考虑在成熟的心理（mature mind）中思维和言语之间的关系。

下面讨论的主导思想可以还原为这样的公式：思维与语言的关系不是一件事情而是一个过程，是从思维到言语和从言语到思维的连续往复运动。在这个过程中，思维与语言的关系经

历了变化,这些变化本身在功能意义上可以被视作是一种发展。思维不仅仅用言语来表达;思维是通过言语才开始产生并存在的。每种思维都倾向于将某事与其他事联结起来,并在事物之间建立起一种关系。每种思维都在运动、成长和发展,实现一种功能,解决一个问题。这种思维流(flow of thought)通过一系列阶段作为一种内部运动而发生。对思维和言语相互作用的分析,始于对一种思维经过的不同阶段和水平的调查,这种调查必须在思维以言语形式被具体化以前进行。

这样的研究所揭示出来的第一个问题便需要区别言语的两个方面。也就是言语的内部的、有意义的、语义的方面和外部的、语音的方面,尽管这两个方面形成了一个真正的统一体,却有它们自身的运动规律。这个言语的统一体是一种复合的统一体(complex unity),而不是一种同质的统一体(homogeneous unity)。儿童语言发展的大量事实表明了语音领域和语义领域互不依赖的运动。我们将指出这些事实中的两个最重要的事实。

在掌握外部言语方面,儿童往往从一个词开始,然后联结二个词或三个词;稍后,儿童从简单句子发展到较复杂的句子,最终达到由一系列句子构成的连贯言语;换言之,他从部分进展到整体。可是,另一方面,在涉及词义时,儿童吐出的第一个词就是一个完整的句子。从语义学角度来看,儿童从整体开始,从一个有意义的复合开始,嗣后才开始掌握一些独立的语义单位,一些词的意义,并将他先前尚未分化的思维(undifferentiated thought)分配给这些单位。言语的外部方面和言语的语义方面以相反的方向发展着——前者是从特殊发展到整体,从单词发展到句子,而后者则是从整体发展到特殊,从句子发展到单词。

　　这件事情本身就足以说明在言语的发音方面和言语的语义方面加以区别是多么的重要。由于它们以相反的方向运动,因此它们的发展并不一致,但是这并不意味着它们彼此独立。恰恰相反,它们的差别是紧密联合的第一阶段。事实上,我们的例子揭示它们的内部关联像揭示它们的区别一样清楚。一个儿童的思维,由于生下来便是朦胧的没有一定目的的整体,因此必须在单一的词语中找到它的表述。随着儿童的思维愈加分化,他就不易用单一的词语来表述自己的思想,唯一的办法就是构成一个混合的整体(composite whole)。相反,言语发展到一个句子的分化的整体有助于儿童的思维从同质的整体发展到很好界定的部分。思维和言语不是从一个模型中雕刻而成的。在某种意义上说,思维和言语之间的差别要多于其相似性。言语结构并不单纯地反映思维结构;这也就是为什么言语不能像穿上一件现成的外套那样套在思维外面。思维在转化成言语时经历了许多变化。它并不仅仅在言语中发现了它的表述;它还找到了它的现实和形式。语义的发展过程和语音的发展过程基本上是一致的,原因恰恰在于两者相反的方向。

　　其次,在较晚的发展时期,同样重要的事实出现了。皮亚杰指出,儿童在掌握与从句(subordinate clause)的句法形式相符的意义结构之前很久就会用"因为"、"虽然"等等引导的从属句了。这种情况说明语法先于逻辑而发生。这里,也像在我们以前的例子中一样,这种不一致并不排斥联合,实际上恰恰需要联合。

　　在成人中间,言语的语义方面和言语的语音方面的分离格

外引人注目。现成的以心理学为导向的语言学十分熟悉这种现象,尤其在涉及语法的和心理的主语和谓语时更是这样。例如,在"钟掉下来了"(The clock fell)的句子中,重点和词义可以在不同的情境中发生变化。假定我注意到钟已经停了,然后询问这是如何发生的。回答是,"钟掉下来了"。这时语法的主语和心理的主语相一致:"钟"是在我的意识中出现的第一个观念;"掉下来"是叙述有关钟的情况。但是,假如我听到隔壁房间里一声撞击,然后询问发生了什么事,而且得到了同样的回答,这时主语和谓语从心理学角度看正好颠倒。我知道有东西掉下来了——这便是我们正在谈论的事。"钟"完成了这种想法。于是,句子可以改成:"已经掉下来的钟"(What has fallen is the clock);这样一来,语法的主语和心理的主语便会一致起来。在《恩斯特·冯·施瓦本公爵》(DukeErnst Von Schwaben)一剧的开场白中,乌兰德(L. Uhland)说,"可怕的场面将在你面前发生"。从心理学上讲,"将要发生"是主语。观众知道他将看到一些展现事件;补充的想法,也即谓语,便是"可怕的场面"。乌兰德的意思是说,"将在你眼前发生的事情是一场悲剧"。一句句子的任何一个部分都可能成为心理学上的谓语,即主题强调的载体;另一方面,在一种语法结构后面可能隐藏着完全不同的意义。句法结构和心理结构之间的一致并不像我们所假定的那样普遍——相反,它是一种极少可以满足的要求。不仅是主语和谓语,还有语法上的性、数、格、时态、级等等,也都有其心理学的双重性。一声自发的叫声(从语法观点看是错误的)可能具有魅力和美学价值。绝对正确只有在超越自然语言的数学中才能达到。我们的日常语言不断地在数学的一致性观念和想象的一致性观念之间波动。

我们将引用两个例子来说明语言的语义方面和语言的语法方面的相互依存性,这两个例子表明形式结构(formal structure)的变化可能需要意义方面的变化。①

在翻译法语版的寓言《蝉和蚂蚁》(La Cigale et la Fourmi)时,克雷洛夫(I. Krylov)将拉·封丹(J. de. LaFontaine)寓言中的蚱蜢用一只蜻蜓来取代。在法语中,蚱蜢是阴性名词,从而完全适合于形象化地表现一种轻松和无忧无虑的态度。可是,这种词的细微奥妙之处将在文字翻译中丧失殆尽,因为在俄语中,蚱蜢是个阳性名词。当克雷洛夫决定用蜻蜓去取代法语中的蚱蜢时(因为在俄语中蜻蜓是阴性名词),仅仅只是为了便于反映拉·封丹的思想的语法形式而全然不考虑文字意义了。

在翻译海涅(H. Heine)关于冷杉树和棕榈树的诗歌时,尤契夫(F. Tjutchev)做了同样的事情。在德语中,冷杉是阳性名词而棕榈是阴性名词,这首诗暗示了一名男子对一名女子的爱情。可是,在俄语中,两种树均属阴性名词。为了保持这种男女爱情的含意,尤契夫便用属于阳性名词的雪松代替冷杉。莱蒙托夫(M. Lermontov)在对这首诗作更加字义化的翻译中,完全剥夺了诗意,并给予一种基本不同的意义,一种更抽象化和概括化的意义。可以这样说,一种语法上的细节有时往往会改变所陈述内容的全部含意。

在词的背后存在着独立的思维语法(grammar of thought),也即词义的句法。最简单的发声,远远没有反映声音和意义之

---

① 维果茨基的例子在英语中失去了某种影响,因为英语语法中无性的区别。已补充了一些解释以证明这一点。——编者

间一种不变的刻板的一致性,实际上是一个过程。言语表述不可能以充分形成的形式出现,而是必须逐渐发展。从意义过渡到声音的这一复杂过程,其本身必须得到发展并完善起来。儿童必须学会区别语义和语音,并了解这种差别的性质。开始时,他运用言语形式和意义,而没有意识到两者是分开的或独立的。对儿童来说,词是词所指的物体的一个组成部分。这样一种概念似乎是初级语言意识的特征。我们都知道这样一个古老的故事,即有个庄稼汉说博学多才的人带着所有的仪器能算出星星的大小以及它们的路线,对此他并不感到惊奇——唯一使他困惑的是,那些博学多才者是如何确定星星的名称的。简单的实验表明,学前儿童根据物体的属性"解释"物体的名称。按照儿童的想法,一个动物称为"母牛"是由于它有角,一个动物称为"小牛"是因为它的角还小,一个动物称为"狗"是因为这个动物小而且没有角;一个物体称为"汽车"是由于它不是一个动物。当询问儿童人们是否可以交换物体的名称,例如把一头母牛称为"墨水",或把墨水称为"母牛",儿童的回答是"不","因为墨水是用来写字的,而母牛则供给牛奶"。交换名称将意味着交换物体的特征,在儿童的心目中,这些特征之间的联结是不可分割的。在一次实验中,告知儿童游戏中的一条狗可以被称为"母牛"。下面是典型的问题和回答:

"母牛有角吗?"

"对。"

"但是,你不记得母牛实际上是条狗吗?那么,一只狗有角吗?"

"当然啰,假如狗是母牛,假如狗被称为母牛,那么它便有角。这种狗必须长着小角。"

现在,我们可以看到,要儿童将物体的名称和它的属性分开是何等困难,当物体名称转换时,物体属性紧紧粘附着物体名称,就像财产紧跟着它的主人一样。

言语的两个方面的融合,即语义和发音的融合,随着儿童年龄的增长而开始分解,而且两者之间的差距日益增大。词义发展中的每个阶段均有这两个方面的自身的特定的相互联系。儿童通过语言进行交流的能力直接与儿童言语和意识中词义的分化有关。

为了了解这一点,我们必须记住词义结构的一个基本特征。在一个词的语义结构中,我们区分出指称(referent,语词所指的对象)和词义;相应的,我们把一个词的主格与其有意义的功能区别开来。当我们比较儿童发展的初级阶段、中级阶段和高级阶段中这些结构和功能的关系时,我们发现了以下的发生学规律:开始时,只有主格功能存在;从语义上说,只有客观指称的存在;至于不受名称控制的词义和不受指称支配的词义只是在以后才开始出现,并沿着我们试图追踪和描述的路径发展。

只有当这种发展完成时,儿童才开始完全能够系统阐述他自己的思想,并了解他人的言语。到那时为止,儿童对词语的运用方才和成人对词语的运用在客观指称方面相一致,但在意义上却不相一致。

3

我们必须更加深入地进行研究,以探索超越语义方面的内部言语。我们将在这里讨论我们对内部言语开展过专门调查的一些资料。如果不能清楚地理解内部言语的心理本质,那么也就无法理解思维和言语关系的复杂性。而且,在与思维和语言有关联的所有问题中,这个问题也许是最复杂的,并且受到专门术语和其他误解的困扰。

内部言语(inner speech),或称 endophasy,这个术语已经应用于各种现象,而一些作者们对于他们用同样的名称来称呼不同事物展开论争。最初,内部言语似乎被理解为言语记忆(verbal memory),例如,默诵一首牢记心中的诗。在这种情况下,内部言语和有声言语(vocal speech)的区别仅仅像一个物体的观念或意象与实际物体的区别。正是在这个意义上,内部言语为法国的作者们所理解,他们设法查明言语如何在记忆中得到再现(reproduced)——无论是作为听觉意象、视觉意象、运动意象还是综合意象。我们将看到言语记忆确实是内部言语的组成部分之一,但不是内部言语的全部。

在第二种解释中,内部言语被看做是外部言语的压缩——看做是"言语减去声音"[缪勒(Mueller)]或者"次级有声言语"(华生)。贝特列夫(V. Bekhterev)把内部言语界定为其运动部分受到阻碍的言语反射。这样一种解释是远远不够的。使言语的"发音"沉默下来并不等于内部言语的全过程。

与此相反的是,第三种解释显得太广泛了。对于戈尔茨坦

(K. Goldstein)(12,13)来说,这一术语涵盖了发生在讲话的运动行为之前的一切东西,包括冯特的"言语动机"(motives of specch)以及难以界定的、无意义的和非运动的专门言语经验——也就是说,任何言语活动的整个内部领域。把内部言语和不能发声的内部经验等同起来的观点是难以接受的。在不发声的内部经验中,彼此独立的、可以辨别的结构层面(structural planes)分解得无影无踪。这种核心经验对于一切言语活动来说都是共同的,而且单单由于这一原因,戈尔茨坦的解释并不符合值得称做内部言语的那种特定的独特功能。经过逻辑地发展以后,戈尔茨坦的观点一定会产生这样的论点,即内部言语压根儿不是言语,更确切地说是一种智力的和情感—意志的活动,因为它包括了言语动机以及用言语表述的思想。

为了获得内部言语的真实图景,人们必须从以下假设开始,即内部言语是一种特殊结构,有其自身的规律,与其他言语活动形式有着复杂的关系。在我们一方面研究它与思维的关系,另一方面研究它与言语的关系之前,我们必须确定它的特性和功能。

内部言语是为个体自身的言语;而外部言语则是为他人的言语。如果在功能上这样一种基本区别并未影响两种言语的结构,那确实是令人惊奇的。无声本身只是内部言语特殊性质的结果,它既不是外部言语的一种先行活动,也不是它在记忆中的再现,在某种意义上说它是外部言语的对立物。外部言语是思维向言语的转化,是思维的具体化和客观表现。而对于内部言语,该过程被颠倒过来:言语转化成内在思维。结果,它们的结构必然有所不同。

　　内部言语的领域是一个最难以调查的领域。它几乎一直无法进入实验中去,除非找到用于发生学实验方法的方式,内部言语才能进入实验中去。皮亚杰是第一位注意到儿童自我中心言语(egocentric speech)并看到它的理论意义的人,但是他对自我中心言语的最重要特征——它与内部言语的发生学联结——却视而不见,从而使他对自我中心言语的功能和结构的解释产生了偏差。我们把那种关系作为我们研究的中心问题,从而能以非同寻常的完整性对内部言语的性质开展调查。有关的考虑和观察使我们得出这样的结论,自我中心言语是发生于内部言语之前的一个发展阶段:两者都履行了智力功能;它们的结构相似;自我中心言语在学龄时消失,这时内部言语开始发展起来。鉴于这一假设,我们推论:是一种言语转化成另一种言语。

　　如果这种转化确实发生的话,那么自我中心言语就为研究内部言语提供了钥匙。通过自我中心言语来研究内部言语的一个益处在于,自我中心言语在实验和观察方面具有可行性。自我中心言语仍然是一种发声的、可以听得见的言语,也就是说,在表述方式上是外部言语,但是,与此同时,它在功能上和结构上却是内部言语。为了研究一种内部的过程,有必要用实验方法使它外显化,也即通过把它与某种外部活动相联结的手段而使它外显化;唯有这样,才有可能进行客观的功能分析。实际上,自我中心言语是对该类型的一种自然实验(natural experiment)。

　　这种方法还有另一个更大的益处:由于自我中心言语可以在它的一些特征正在消逝而一些新的特征正在形成时对它进行研究,因此我们就能判断哪些特征对内部言语来说是基本的而哪些特征只是暂时的，从而可以确定从自我中心言语向内部言语转化的运动目标——也即内部言语的性质。

在我们继续论述用这种实验方法得到的研究结果之前，我们将简要地讨论一下自我中心言语的性质，重点讨论我们的理论和皮亚杰的理论之间的分歧。皮亚杰坚持认为儿童的自我中心言语是儿童思维的自我中心主义（egocentism）的直接表述，因而是介于儿童思维的初级我向思考（primary autism）和逐步社会化之间的一个中间阶段。随着儿童年龄的增长，我向思考逐渐消逝而社会化逐渐发展起来，从而导致儿童思维和言语中自我中心主义的消逝。

根据皮亚杰的概念，儿童在自我中心言语中并不使自身适应于成人的思维。他的思维完全保持着自我中心；从而使得他的交谈对别人来说无法理解。自我中心言语在儿童的现实思维（realistic thought）或现实活动中不起作用——它不过伴随着它们而已。而且，由于它是自我中心思维的一种表述，所以随着儿童的自我中心主义一起消失。自我中心言语在儿童的发展初期达到高峰，然后在进入学龄期时便降到零。它的历史是逐渐退化的历史，而不是进化的历史。它没有未来。

根据我们的概念，自我中心言语是从相互心理作用（interpsychic functioning）过渡到内部心理作用（intrapsychic functioning）的一种现象，也就是从儿童的社会的、集体的活动发展到个体化的活动——这是一切高级心理功能所共有的发展模式。为个人自身的言语（speech for oneself）导源于为他人的言语（speech for other），是从为他人的言语中分化出来的。由于儿童发展的主要历程是逐渐个体化的历程，这种倾向在儿童言语

的功能和结构中也得到反映。

我们的实验结果表明,自我中心言语的功能和内部言语的功能相似:它并不仅仅伴随着儿童的活动;它还为心理定向(mental orientation)、有意识的理解服务;它帮助克服困难,它是为个人自身的言语,与儿童的思维紧密地和有益地联结着。它的命运与皮亚杰描述的命运有很大的不同。自我中心言语沿着上升的曲线发展而不是沿着下降的曲线发展:它的发展过程是一种进化而不是一种退化。结果,它变成内部言语。

我们的假设与皮亚杰的假设相比有几个可取之处:它解释了自我中心言语的功能和发展,尤其是当儿童面临要求意识活动和反映活动的困难时,自我中心言语便会突然增强——这是我们的实验所揭示的事实,而皮亚杰的理论对此却无法作出解释。但是,我们的理论的最大优点在于,它为皮亚杰本人描述的自相矛盾的情境提供了令人满意的答案。对于皮亚杰来说,随着儿童年龄的增长和自我中心言语在数量上的减少,意味着这种言语形式的衰落。如果事实是如此的话,人们也会期望它的结构特征随之消亡;因为人们难以相信这一过程只影响它的数量,而不影响它的内在结构。在3～7岁的儿童中间,儿童的思维毫无限制地变得不那么自我中心了。如果自我中心言语的特征(那些特征对别人来说是难以理解的)确实扎根于自我中心主义,那么,随着自我中心言语出现频率的减少,这些特征也将变得不再明显;自我中心言语将趋近社会言语,并变得越来越明白易懂。然而,事实究竟如何?3岁儿童的讲话是否比7岁儿童的讲话更难以听懂呢?我们的实验表明,那些倾向于难以理解的自我中心言语的特征在儿童3岁时达到最低点,而在7岁时却达到顶峰。它们的发展方向和自我中心言语的频率正好相反。当自我中心言语一直在衰退并在学龄阶段达到零时,结构特征却变得越来越明显起来。

这给有关自我中心言语数量减少的假说以新的启示,而这个数量减少的假说则是皮亚杰论点的基石。

这种减少意味着什么?为个人自身的言语的结构特征及其他与外部言语的分化随年龄而增加。那么,递减的是什么东西?只有一个方面:那就是发声。这是否意味着自我中心言语作为一个整体正在消亡呢?我们认为事实并非如此,否则我们如何解释自我中心言语的功能特征和结构特征的生长呢?另一方面,它们的生长和发声的减少完全一致——确实,阐明了它的意义。它的迅速衰落和其他特征的迅速生长只在表面上看来似乎是矛盾的。

为了对这种情况作出解释,让我们来观察一个毋庸辩驳的经由实验而确立的事实。随着儿童的发展,自我中心言语的结构特征和功能特征变得越发引人注目。儿童在3岁时,自我中心言语和社会言语的差别为零;7岁时,他们具有的言语在结构上和功能上完全不像社会言语。两种言语功能的分化已经发生。这是一个事实——而事实总是无法驳斥的。

一旦我们接受了这一观点,其他情况就变得清楚了。如果正在发展中的自我中心言语的结构特征和功能特征逐渐从外部语言中分离出来,那么它的发声方面一定会衰亡;而这恰恰是在3岁儿童和7岁儿童之间发生的事。由于为个人自身的言语逐步独立,它的发声变得没有必要和毫无意义,而且,由于结构特征的不断生长,发声不仅变得没有必要而且不可能了。为个人

自身的言语在外部言语中无法找到表述。自我中心言语越独立和越自主,在外部表述方面就会变得越来越差。结果,它本身完全从为他人的言语中分离出来,停止发声,并且看来就此逐渐消亡。

但是,这仅仅是一种幻觉而已。把自我中心言语的衰落系数(sinking coefficient)解释成正在消亡的一种言语的迹象,就好像说当儿童停止用扳手指计数,开始在头脑里做加法时他便停止计数一样可笑。实际上,在消亡迹象的背后存在着渐进的发展,从而诞生了一种新的言语形式。

自我中心言语日益减少的发声现象表明了正在发展的与声音的分离,儿童获得了"用词思考"而非用词发音的新能力。这是自我中心言语衰落系数的积极意义。这种下行的曲线表明了趋向内部言语的发展。

我们可以看到,有关自我中心言语的功能特征、结构特征和发生学特征的一切已知事实都指向一件事:自我中心言语向内部言语的方向发展。它的发展史只能被理解为内部言语特征的逐渐显露。

我们认为它进一步确证了我们关于自我中心言语的起源和性质的假设。为了使我们的假设成为确定的事实,我们必须设计出一种能够用来表明两种解释中哪一种正确的实验。那么,这个关键实验的资料究竟是什么呢?

让我们重述一下这两种理论,我们必须在其中作出抉择。皮亚杰坚信,自我中心言语的产生是由于言语社会化的不足,而且它的唯一发展是衰落并最终消亡。它的高峰期存在于过去。然而,内部言语是从外部带进来的某种新东西,是和社会化一起从外部带进来的某种新东西。我们认为,自我中心言语是由于原始社会言语个体化的不足。它的高峰期存在于未来。它逐步发展成内部言语。

为了获得一种观点或者另一种观点的证据,我们必须把儿童轮流地置于鼓励社会言语的实验情境中和不鼓励社会言语的实验情境中,并了解这些变化如何影响自我中心言语。我们认为这是一个关键实验,理由如下:

如果儿童的自我中心言语导源于儿童思维的自我中心主义及其社会化的不足,那么在实验设计中,社会要素(social elements)的任何削弱,使儿童与群体分离的任何因素,都有可能导致自我中心言语的突然增强。但是,如果儿童的自我中心言语导源于为个人自身言语和为他人言语之间的分化不足,那么同样的变化一定会使它减弱。

我们将皮亚杰本人观察的三个方面作为我们实验的起点:① 自我中心言语只有在其他儿童参与同一种活动时才发生,当儿童一人独处时不会发生,也就是说,它是一种集体的使别人无法插嘴的独白。② 儿童存在着这样的错觉,即认为他的自我中心言语尽管并不指向任何人,却为他周围的那些人所理解。③ 自我中心言语具有外部言语的特性:它不是听不见的或窃窃私语的。所有这些肯定不是偶然的特征。根据儿童自己的观点,自我中心言语还没有从社会言语中独立出来。它在社会言语的主观环境和客观环境中发生,从而可以认为它与儿童的个人意识从社会整体中不充分地分离出来有关。

在我们的第一组系列实验中(46,47),我们曾试图消除那种被他人所理解的错觉。在一个与皮亚杰的实验情境相似的情境中,对儿童的自我中心言语的系数进行了测量。嗣后,我们把儿童置于一种新的情境:或者与聋哑儿童相处,或者与讲外语的儿童相处。在所有其他方面,实验的安排保持原样。结果,在大多数情形中,自我中心言语的系数降低至零,在其他情形中,与原先数字相比,平均下降了$\frac{1}{8}$。这就证明被他人所理解的错觉不只是自我中心言语的一种附带现象(epiphenomenon),而且还在功能上与自我中心言语相联结。根据皮亚杰的理论观点,我们的实验结果似乎有点矛盾:儿童与群体的联结越弱——也就是说,社会情境促使他调节自己的思维以适应他人并使用社会言语的情况越少——他的思维和言语中的自我中心主义便越发自由地表现它自己。但是,根据我们假设的观点,这些研究结果的意义是清楚的:自我中心言语是由于个人为自己的言语和为他人的言语之间缺乏分化而引起的,当那种被他人所理解的感觉不存在时,当儿童基本上需要社会言语时,自我中心言语便消失了。

在第二组系列实验中,变量因素是集体独白(collective monologue)的可能性。我们对处于容许进行集体独白的情境中的儿童自我中心言语的系数进行了测量,嗣后,将儿童置于排除集体独白的情境中——也即把儿童置于对他来说陌生的群体之中,或者让儿童独处房间一隅单独的台子旁;或者让他单独工作,甚至在实验者离开房间时也是如此。这一系列实验的结果与第一组实验结果相一致。排除集体独白使自我中心言语的系数下降,尽管不像第一组情形那样引人注目——突然降低至零,与原先数字相比平均降低了$\frac{1}{6}$。排除集体独白的不同方法在降低自我中心言语的系数上并不同样有效。然而,这种倾向在实验的各种变式中都很明显。排除集体因素，不向自我中心言语提供充分的自由，是对自我中心言语的压抑。我们的假设再次证实了这一点。

在第三组系列实验中，变量因素是自我中心言语的发声性质。在进行实验的实验室外面，一支管弦乐队正在大声地演奏，或者发出许多噪声，以至于不仅淹没了其他人的声音，而且也淹没了儿童自己的声音；在实验的一个变式中，儿童被明确地禁止大声讲话，而只允许小声地说话。结果，再次显示出自我中心言语系数的下降，与原先数字的关系是 5∶1。不同的实验方法也显示出不同的效果，但是基本趋向始终存在着。

所有这三组系列实验的目的是排除那些接近社会言语的自我中心言语的特征。我们发现，这样的排除往往导致自我中心言语的减弱。因此，根据自我中心言语的表现，假设自我中心言语是一种产生自社会言语的形式，而不是从社会言语中分离出来的一种形式，这样的假设是符合逻辑的，尽管两者在功能和结构上已经不同。

在这一问题上，我们与皮亚杰之间的分歧可以通过下面的例子更清楚地显示出来：我正坐在桌子旁和我背后的一个人进行交谈，我看不见那个人；那个人在我不注意的时候离开了房间，而我却继续谈话，幻想着那个人正在听着并能理解我的话。从表面上看，我正在自言自语，自己对自己说话，但是从心理学上讲，我的言语却是社会性质的。根据皮亚杰的理论观点，在儿童的例子中出现了相反的情形：他的自我中心谈话是为了他自己，而且是和他自己进行谈话；它只具有社会言语的表面现象，正如我的言语提供了自我中心言语的虚假印象一样。根据我们

的观点,整个情境要比这种情境复杂得多:从主观上说,儿童的自我中心言语已经具有它自身的特殊功能——就这一点来说,它是不受社会言语控制的;但是,它的这种独立性是不完全的,因为它并没有被感觉为内部言语,而且也没有被儿童从为他人的言语中区分出来。从客观上说,它不同于社会言语,而且也是不完全的,因为它只在社会情境中起作用。不论从主观上还是从客观上说,自我中心言语都代表了一种过渡,也即从为他人的言语向为个人自身的言语的过渡。它已经具备了内部言语的功能,但在其表述中仍与社会言语相似。

关于自我中心言语的研究为我们了解内部言语铺平了道路,而关于内部言语,我们将在下面进行考察。

4

我们的实验使我们深信内部言语不能被看做是言语减去声音,而是一种完全独立的言语功能。它的主要的和独具的特征是它特有的句法。与外部言语相比,内部言语显得不联结和不完整。

这并非一种新观察。所有研究内部言语的学者,甚至那些从行为主义的立场出发探讨这一问题的学者,都注意到了这个特征。这种发生学的分析方法使得我们不仅仅限于对它描述一番。我们运用这种方法,并且发现,随着自我中心言语的发展,它表现出一种朝着特定的简略形式发展的倾向:也就是说,省略了句子的主语,省略了一切与主语有联系的词,可是保留了谓语。这种谓语化的倾向在我们所有的实验中都表现出来,它具有这样的规律性,以至于我们假设它是内部言语的基本句法形式。

如果我们回忆一下这样一些情境,在这些情境中,外部言语表现出相似的结构,那么可能有助于我们理解这种倾向。发生在外部言语中的纯粹谓语有两种情况:或者作为一种回答,或者当句子的主语所涉及的各方都已了解。对于"你要一杯茶吗?"这一句子的回答不会是"不,我不要一杯茶",而是简单的"不"。显然,这样的句子是可能的,唯一的原因是句子的主语心照不宣地为双方所理解。对于"你兄弟是否读过这本书?"的问句,从来没有人回答"是的,我兄弟曾经读过这本书"。回答往往是简短的"是",或者"是的,他曾读过"。现在,让我们想象一下有几个人在等候公共汽车。当看到公共汽车开近时,没有人会说"我们正在等候的公共汽车开来了"。这个句子很可能被简略成"来了"。或者其他一些类似的表达方式,因为从当时的情境来说,主语是一清二楚的。但是,缩略的句子往往会引起混乱。听者可能把句子跟他心中先入为主的一个主语联系起来,而不是说话人所指的那个人或物。如果言者和听者两个人的思路正好吻合,那么仅仅通过使用谓语也可以达到完全的理解;可是,如果他们正在思考不同的事物,那么他们必然会彼此产生误解。

在托尔斯泰的小说中,可以找到外部言语缩略的很好例子,以及外部言语还原到只剩下谓语的很好例子。托尔斯泰经常讨论理解心理学(psychology of understanding):"没有人清楚地听到他说的话,不过基蒂(Kitty)了解他。她所以了解他是因为她的心不断地注视着他的需要。"[《安娜·卡列尼娜》(Anna Karenina),第五部分,第十八章]我们可以说,由于她的思想

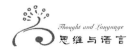

紧跟着那位垂死者的思想,所以她的思想包含了他的话所指的主语,而他的话是其他人所听不懂的。但是,最引人注目的例子大概是基蒂和列文(Levin)通过首字母(initial letters)宣布他俩的爱情:

"我已经有好长时间想问您一件事了"。

"请吧"。

"这个",他说,接着便写了这些首字母:Wya:icnb,dymton。这些字母的意思是:"当您回答的时候:那不可能,你是指将来还是决不呢?"看来,她不可能理解这句复杂的句子。

"我理解",她说,脸上堆起了红晕。

"那是什么词呢?"他问道,指指那个代表"决不"的 no。

"这个词是'决不'。"她说,"不过那是不真实的"。他迅速擦掉他写的字母,把粉笔递给她,然后站起身来。于是她写道:Icnaot。

他的脸上突然发光:他已经懂了。这几个字母的意思是:"我不能回答别的什么了。"

她又写了下面的首字母:stymfafwh。这些字母的意思是:"所以,你可以忘掉并原谅已经发生的事。"

他用紧张而颤抖的手指抓住了粉笔并把它折断,然后写了以下句子的首字母:"我没有什么东西可以忘掉或原谅。我决不停止爱您。"

"我懂",她轻声地说。他坐下来并写了一个长句子。她完全懂得。因此,她不向他询问她的理解是否正确,而是

164

提起粉笔立刻回答。好长时间他无法确定她所写的东西，于是就一直望着她的眼睛。他的心由于幸福而晕眩。他无法理解她所指的那些词；不过，在她可爱的、炽烈的、快乐的双眼里他读懂了他需要知道的一切。于是，他写下了三个字母。在他写完之前，她已经随着他的书写而读了，她亲自完成了这句句子并且写了回答，"是的"。他俩的谈话已经说明了一切：她爱他，并将告诉她的父母他明早来访（《安娜·卡列尼娜》，第四部分，第十三章）。

上述例子具有非凡的心理学趣味，其原因在于基蒂和列文之间的整整一段情节，是由托尔斯泰从他自己的生活中取材的。托尔斯泰也正是用小说中同样方式告诉他的未来妻子他对她的钟爱。这些例子清楚地表明，当几个讲话者的思想一致时，言语的作用便降至最低程度。托尔斯泰还指出，用密切的心理接触方式生活在一起的人们之间，通过简略言语的手段进行交流是一种规律而不是例外。

现在，列文已经习惯于充分表达他的思想而无须费心伤神地去字斟句酌了：他知道，在这样一种充满爱情的时刻，他的妻子理解他想说的话，哪怕只是一个暗示，而她确实理解了（《安娜·卡列尼娜》，第六部分，第三章）。

一种简化的句法，缩略，以及词数的大大缩减，都构成了谓语倾向的特征，这种谓语是当对话的伙伴知道正在发生的情况时用外部言语来表现的。与这种相互理解的情况相对的是，由于人们之间的思路不同，会引发滑稽可笑的混乱。由这种情况

引起的混乱，可以从下面这首小诗中反映出来：

聋子法官面前卑躬屈膝地站着两个聋子男人。
一个聋子男人喊道："他牵走了我的母牛。"
"对不起"，另一个聋子答道，
"过去，那块草地是我父亲的土地。"
法官决定："对你们来说相互斗殴是件耻辱。
你们两人都没错，怪只怪那个姑娘不好。"

基蒂和列文的谈话以及对聋子的判决是两个极端的例子，实际上是外部言语的两极（two poles）。一个例子列举了相互理解，当两个人心中的主语相同时，可以通过十分简略的言语达到相互理解；可是，在另一个例子中，即便使用了完整的言语，可是由于人们的思路不同，还是造成了完全的误解。不仅聋子之间不能彼此理解，就是两个普通人只要对同一个词提供不同的含义或者持不同的观点，也会造成不能相互理解。正如托尔斯泰所指出的，那些习惯于独立思考的人们不容易抓住别人的想法，从而对他们自己的想法也十分偏袒；但是，密切接触的人们却能用最少的词语，通过"简练和清楚的"交流，理解彼此心中的复杂含义。

5

在考察了外部言语的简略形式以后，现在我们可以重新回到内部言语的同一现象中来，这种简略在内部言语中不是例外而是规律。对口头言语、内部言语和书面言语中的简略形式作比较将会有所教益。书面交流依靠词的形式意义(formal meanings),而且比起口头言语需要更多数量的词,以便传递同样的想法。书面言语是写给一名不在场的人的,对方的心中几乎不存在与作者同样的主语,因此,文章必须充分展开;句法分化达到最大程度;而且使用的表述方式在口头言语的对话中会显得不自然。格里博耶夫(A. Griboedov)的"他的说话像写作"指的就是日常言语中那种精心组织的结构所引起的滑稽可笑的结果。

近来,语言的多功能性质已经吸引了语言学家们的密切注意,洪堡(W. Humboldt)在阐释诗歌和散文时也已经指出了语言的这种多功能性质——诗歌和散文这两种形式在功能上十分不同,在它们所采用的手法上也十分不同。按照洪堡的说法,诗歌和音乐不可分割,而散文则完全有赖于语言,并受思维支配。结果,诗歌和散文均有其自己的措词风格、语法和句法。这是极为重要的概念,尽管洪堡和后来进一步发展他的思想的人都未能充分认识到它的含义。他们仅仅区分了诗歌和散文,而且在散文中仅仅区分了观念的交换和一般的交谈,也就是说仅仅区分了信息的交换和常规的闲聊。在言语中,还有其他重要的功能区别。其中一个区别是对话和独白之间的区别。书面言语和内部言语代表独白;而在大多数情形中,口头言语则代表对话。

对话通常预先假定对话双方充分了解主语,这样方能容许简略言语,而且在某些情况下,容许讲纯粹谓语性句子。对话还预先假定言者和听者能彼此看见对方,看到双方的脸部表情和姿势,听到他们声音的语调。我们已经讨论了简略形式,这里将单单考虑听觉方面。我们用陀思妥耶夫斯基(F. Dostoevski)《一位作家的日记》(*the Diary of a Writer*)中经典例子来说明

语调在多大程度上有助于细致地区分对词义的理解。

陀思妥耶夫斯基讲述了一群酒鬼的谈话,这些谈话完全由一个不宜付印的词语组成:

一个星期日的夜晚,我恰巧和6个喝得烂醉的年轻工人一起步行,与他们相隔大约15步的距离,我突然意识到所有的思想、感情,甚至一系列推理都可以用一个名词来表达,而且这个名词极短。一个年轻的家伙把这个词说得粗鲁而有力,以表示他对他们一直谈论的事情极端蔑视。另一个家伙用同样的名词作了回答,但却采用十分不同的语调和意思——怀疑第一个家伙的否定态度究竟有没有根据。第三个醉鬼突然朝第一个人发怒,并粗暴地闯进对话中来,喊着同一个名词,这次这个名词却用作一种诅咒和猥亵。现在,第二个家伙又插了进来,朝第三个人发怒,认为他是侵入者,并制止他,意思是"你为何要插嘴,我们本来正在心平气和地讨论事情,而你却跑来骂人"。接着,他把这全部意思用一个词来表达,就是那个历史悠久的同样的词,此外他还举起手,把它放在第三个家伙的肩头。突然间,第四个人,也就是那帮人里最年轻的,在此之前他一直保持沉默,大概以为已经突然找到了引起争端的那些问题的解决办法,以狂喜的姿态举起一只手并大叫道……我想出了,你想出了吗?我找到办法了吗?不,没有想出,也没有找到办法;他重复同一个不宜印刷的名词,只是一个词,仅仅一个,不过带着狂喜,用快乐的尖叫——由于这种快乐的尖叫显然太强烈了,以至于第六个醉鬼,也是这帮人中年龄最大的醉鬼,一个看上去闷闷不乐的家伙,并不喜欢这种情况,于是他打断了那个幼稚者的喜悦,用一种阴郁的和规劝的低音对他讲话,并且重复……是的,仍然采用那个名词,这是当女士们在场时禁用的那个词,可是这时那个名词显然是指"你大声嚷嚷嘶破嗓子究竟为什么?"于是,不说其他任何一个词,他们重复那个所爱的词达 6 次之多,一个接着一个,而且彼此完全理解(《一位作家的日记》,1873 年)。

词的这种曲折变化(infection)反映了心理学上的上下文关系或前后关系(psychological context),只有在这种上下文关系中,一个词才能够被理解。在陀思妥耶夫斯基的故事中,第一个人持蔑视的否定态度,第二个怀疑,第三个发怒。当上下文像在这个例子中一样清楚时,实际上就有可能只用一个词来传递一切思想、感情,甚至整个一系列推理过程。

在书面言语中,由于声调和主语知识均已排除,我们被迫使用更多的词,并要确切地使用这些词。书面言语是最精心组织的言语形式。

有些语言学家认为对话是口头言语的自然形式,是语言充分反映其性质的言语形式,而独白则在很大程度上是由人工雕琢的。心理学的研究毋庸置疑地证明,独白确实是一种更加高级更加复杂的形式,而且属于晚些时候的历史发展产物。然而,目前我们感兴趣的是在涉及言语的简略倾向时对它们加以比较。

口语的速度是不利于系统阐述的复杂过程的——它没有时间细细琢磨并选择。对话意味着直接的未经事先沉思的发声。

它由一些回答和巧辩组成;它是一系列反应。比较而言,独白是一种复杂的结构;可以从容不迫地和有意识地进行语言的精心组织。

在书面言语中,由于缺乏情境的和表述性的支持,因此只有通过词和词的组合才能达到交流的目的;这就要求言语活动采用复杂的形式——于是就要使用草稿。从草稿向定稿的演变反映了我们的心理过程。在书面言语中,计划起着重要作用,甚至在我们实际上不打草稿时也是如此。通常,我们自言自语地说我们打算写的东西;这也是打草稿,尽管只是打腹稿而已。正如我们在前面一章中说明的那样,这种腹稿是内部言语。由于内部言语不仅在书面言语中起着草稿的作用,而且在口头言语中也起着草稿的作用,因此,我们在涉及简略倾向和谓语倾向时将这两种形式与内部言语作一比较。

这种简略倾向和谓语倾向在书面言语中根本找不到,只有在口头言语中才能找到,但却始终在内部言语中产生。谓语化是内部言语的自然形式;从心理学上讲,它仅由谓语组成。省略主语是内部言语的一条规律,正像书面言语包括主语和谓语这一规律一样。

对这一由实验确立的事实,关键是在内部言语中不可避免地存在促进纯粹谓语化的因素:我们了解我们正在考虑的东西——也就是说,我们始终了解主语和情境。交谈中双方的心理接触可能建立起一种相互知觉(mutual perception),这种相互知觉能导致对简略言语的理解。在内部言语中,这种"相互"知觉始终存在着,以绝对的形式存在着;因此,实际上,甚至最复杂的思想的无词"交流"也就成为一种规律了。

谓语化的优势是发展的产物。开始时，自我中心言语在结构上是与社会言语一致的，但是，在它转化为内部言语的过程中，随着它被一种十分完整的谓语化句法（predicative syntax）所控制，它逐渐变得不完整和不紧凑了。实验结果清楚表明这种新句法如何占据支配地位的。儿童谈论他看到的事物或听到的事物或在特定时刻所做的事情，结果，他往往省略主语以及与主语有关联的一切词，使他的言语越来越简缩，直到只留下谓语部分为止。自我中心言语的特殊功能越分化，它的句法特征也就越明显——这些句法特征便是简化和谓语化。与这种变化一起发生的是发声的减少。当我们和自己交谈时，我们所需的词数甚至比基蒂和列文所用的词数还要少。内部言语是一种差不多无词的言语。

由于句法和声音降到最低限度，意义就比以往任何时候更突出了。内部言语与语义一起运作，而不是与语音一起运作。内部言语的特殊语义结构也对简略作出了贡献。在内部言语中，语义的句法比语法的句法并不缺乏开创性。我们的研究确定了内部言语的三个主要的语义特征。

第一个特征，而且是基本的特征是，一个词的意思（sense）比它的意义（aning）更占优势——这一区分要归功于波扬（F. paulhan）。根据他的观点，一个词的意思是由该词在我们意识中引起的一切心理事件的总和。它是一个动态的、流动的、复合的整体，有着若干稳定性不等的区域（zone）。意义仅仅是意思区域中的一个区，是一个最稳定和最精确的区。一个词从它赖以出现的上下文中获得它的意思；而在不同的上下文里，它就有可能改变它的意思。在整个意思变化过程中意义保持稳定。一

个词的辞典意义不过是意思大厦中的一块砖石而已,不过是在言语中发现多样化的现实的可能性而已。

在前面提到的克雷洛夫寓言《蜻蜓和蚂蚁》中,最后一些话是说明意思和意义之间差别的良好例证。"去跳舞吧!"这句话具有明确而又一致的意义,但是,在这篇寓言的上下文中,它们获得了更加广泛的理智和情感的意思。它们意指"你去享受"和"死亡"。词从上下文中通过意思获得的多样性是词义动力学(dynamics of wordmearbings)的基本规律。处于上下文中的一个词要比处于孤立状态中的一个词多些词义和少些词义:所谓多些词义,因为它获得了新的内容;所谓少些词义,因为它的意义受到上下文的限制和局限。波扬说,一个词的意思是一种复合的、运动的和变化多端的现象;它在不同的心理活动中和不同的情境中变化着,而且几乎是无限制的。一个词从句子中获得它的意思,句子从段落中获得它的意思,段落从书中获得它的意思,而书则从作者的全部著作中获得它的意思。

波扬分析了词和意思之间的关系,表明它们比起词和意义来彼此之间更加独立,从而为心理学提供了进一步的服务。长期以来,人们就知道词可以改变它们的意思。最近,人们指出,意思也可以改变词,或者,观念也往往改变其名称。正如一个词的意思与整个词相联系,而不是与它的单一的声音相联系一样,一句句子的意思也与整个句子相联系,而不是与句子中个别的词相联系。因此,有时一个词可以被另一个词所取代而不改变其意思。相对来说,词和意思是彼此独立的。

在内部言语中,意思支配意义,句子支配词,上下文支配句子,这是规律。

上述观点导致我们研究内部言语的其他语义特征。两者都涉及词的结合。其中之一很像黏合法构词(agglutination)——这是在某些语言中十分常见的组合构词法,相对来说在其他语言中则少见。德语通常由若干词或短语构成一个名词。在有些原始语言中,这种词的黏合是普遍规律。当若干词合并成一个词的时候,新词不仅表示一种复合的观念,而且也指明包含在该观念中的所有独立的要素。由于重点始终放在主要的词根或观念上面,因此这类语言是容易理解的。儿童的自我中心言语表现出一些相似的现象。随着自我中心言语接近内部言语,儿童越来越多地使用粘合法构词,将此作为形成复合词的一种方法,以便表述复合的想法。

内部言语的第三种基本语义特征是词的意思结合和统一的方式——受不同规律支配的过程,这些不同的规律来自占支配地位的意义的结合。当我们观察自我中心言语中把词统一起来的单一方式时,我们称它为"意思的注入"(influx of sense)。这些不同词的意思彼此注入——字面上称做彼此"影响"——以至于把早先的意思也包容进去,而且修改了后来的意思。于是,在一本书中或一首诗中不断重现的一个词有时吸收了书或诗中所包含的各种意思,并在某种程度上相当于著作本身。一件文学作品的标题往往表述了作品的内容,而且要比一件绘画或一首音乐的名称在更大程度上完成它的意思。像《唐·吉诃德》(*Don Quixote*)、《哈姆雷特》(*Hamlet*)和《安娜·卡列尼娜》等书目十分清楚地证实了这一点;一部作品的整个意思包含在一个名称中。另一个非凡的例子是戈果里(N. Cogol)的《死魂灵》(*Dead Souls*)。原先,这一题目指的是一些死去的农奴,他们的

名字还没有从正式的名单上删掉,因此仍旧可以进行买卖,好像他们仍旧活着一样。就是在这一意思上,这几个词贯穿全书而被使用着,作品本身也就是围绕着死者的这种交易而建立起来的。但是,通过这个词与整个作品的密切关系,"死魂灵"获得了新的意义,一种无限广泛的意思。当我们读到作品的结尾时,"死魂灵"对我们来说与其说是指死去的农奴,还不如说是指故事中的所有人物,他们虽然肉体上活着,但精神上却已经死了。

在内部言语中,这种现象达到了顶峰。单一的词如此渗透着意思,以至于在外部言语中需要许多词来对该词进行解释。毫无疑问,自我中心言语对他人来说是难以理解的。华生说内部言语是难以理解的,即便它能够被记录下来,也难以理解。它的难以理解随着下述的有关现象进一步增强,托尔斯泰在外部言语中也偶尔注意到了这种现象:在《童年、少年和青年》(Childhood, Adolescence, and Youth)中,他描述了那些在心理上紧密接触的人们之间如何获得只有通过首字母才能了解的特定意义。在内部言语中,同一种类的习语发展着——这种习语是难以翻译成外部言语的语言。

我们将用这一点来总结我们对于内部言语特征的调查,它是我们在研究自我中心言语时首次观察到的。在寻求与外部言语的比较中,我们发现后者已经包容了内部言语的典型特征,至少可能包容了那些特征;谓语化,发声的减少,意思比意义占优势,黏合法构词,等等,也在外部言语的某些情况下表现出来。我们相信,它证实了我们的假设,即内部言语导源于自我中心言语与儿童的原始社会言语的分化。

我们的所有观察表明,内部言语是一种自主的言语功能

(autonomous speech function)。我们可以充满信心地说它是言语思维的一个独特层面(distinct plane)。很显然,从内部言语向外部言语的过渡并不是简单地把一种语言翻译成另一种语言。它不可能仅仅通过使无声言语有声化来达到。它是一个复合的和动态的过程,包括把内部言语的谓语的、习语的结构转化成能为他人听懂的、在句法上发音清晰的言语。

6

现在,我们可以回到内部言语的定义上来,这是我们在提出我们的分析之前建议的。内部言语并不是外部言语的内在方面——它本身是一种功能。它仍然是一种言语,也就是说,与词语相联结的思维。但是在外部言语中,思维是由词来体现的,而在内部言语中,随着词语产生思维,词语就消亡了。内部言语在很大程度上是用纯粹的意义来思维的。它是一种动态的、转移的、不稳定的东西,在词和思维之间波动着,而词和思维或多或少是稳定的,或多或少描绘了言语思维的组成成分。只有在考察了言语思维的下一个层面以后(这是一个比内部言语更加内在的层面),才能理解言语思维的真正性质和位置。

这个层面就是思维本身。正如我们已经说过的那样,每种思维都创造了一种联结,完成了一种功能,解决了一个问题。思维的流动并不同时伴随着言语的展开。这两个过程不是同一的,在思维单位和言语单位之间也不存在刻板的一致性。当一种思维过程流产时——如陀思妥耶夫斯基指出的,当一种思维"不再进入词语"时,这种情况尤其明显。思维有其自己的结构。

因此，从思维向言语的过渡并非易事。戏剧面临台词后面潜藏着的思维问题要早于心理学所面临的同样问题。斯坦尼斯拉夫斯基(K.Stanislavski)在教授他的表演体系时要求演员们揭示剧本中台词的"潜台词"。在格里博耶多夫的喜剧《机智的苦恼》(*Woe from Wit*)中，男主人公查茨基(Chatsky)对女主人公（她认为她从未停止过对他的思念）说，"谁相信谁就非常幸运。相信温暖了心房"。斯坦尼斯拉夫斯基把这句台词解释成"让我们停止这种谈话"；但是，这句话也可以被解释成"我不相信你，你讲这话是为了安慰我"，或者解释成"你难道没有看到你是多么使我痛苦？但愿我能相信你。那将是极大的幸福"。

我们在现实生活中所讲的每一句句子都有某种潜台词；里面隐藏着一种思想。在我们前面提供的关于语法的主谓语和心理的主谓语之间缺乏一致性的例子中，我们并没有把我们的分析追根究底。正如一个句子可以表达不同的思想一样，一种思想也可以用不同的句子来表达。例如，在回答"钟为什么停了"的问题时，用"钟掉下来了"作为回答，这句话可以指："钟出了毛病，那不是我的过错；它掉下去了。"同样的想法，同样的自我辩解，也可以采取下面一句话的形式："我的习惯是不去碰别人的东西。我只在这里掸灰尘"，或者其他一些话。

然而，思维和言语不一样，思维并不是由彼此独立的单位所组成。当我想与别人交流下面的思想，即今天我见到一名赤足的男孩身穿蓝衬衫沿着街道奔跑，我并不把其中每个项目(item)分别对待：即男孩、衬衫、衬衫的蓝颜色、他的奔跑、不穿鞋子等。我把所有这一切在一次思维中构想出来，但是表述时却用分别开来的词语。一个讲话者往往要花几分钟时间才能将一个思想展现出来。在讲话者的心中,整个思维是立刻呈现的,但是在言语中,它必须一个项目一个项目地相继展开来。我们可以把思维比作一朵乌云洒下一阵词的雨点。由于思维在言语中没有它的自动对应物(automatic counterpart),因此从思维向言语的过渡必须通过意义。在我们的言语中,始终存在着隐蔽的思维,即潜台词。由于从思维向言语的直接过渡是不可能的,因此始终存在思维不可表达性的悲哀:

内心将如何表达它自己?
他人将如何理解?(F. 尤契夫)

心灵和心灵之间的直接交流是不可能的,不仅在生理上不可能,而且在心理上也是不可能的。交流只能用迂回的方式才能达到。思维首先必须通过意义,然后再通过词。

现在,我们进入言语思维分析的最后一步。思维本身是由动机激发的,也就是说,通过我们的欲望和需要,通过我们的兴趣和情绪。在每一种思维的背后有着一种情感—意志的倾向(affective-volitional tendency),这种倾向掌握着思维分析中最后一个"为什么"的答案。只有当我们了解了思维的情感—意志基础,才有可能真正而又充分地了解另一个人的思维。我们将用已经引证过的例子来说明这一点:对剧本中角色台词的解释。斯坦尼斯拉夫斯基在指导他的学员时,罗列了隐蔽于他们台词背后的动机。例如:

戏剧台词	相应的动机
索菲亚(Sophya)：	
噢,查茨基,你来了,我很高兴。	试图隐藏她的慌乱。
查茨基：	
你高兴,那很好;但是,像你的那种高兴,人家不易出口,对我来说,那很不容易,要全都讲出来,会使人和马都伤风。我已经使自己高兴,除此之外,别无其他。	试图通过取笑她使她感到内疚。你难道不为自己感到害羞吗!设法使她坦率。
李莎(Liza)：	
在那里,先生,如果你想站在同样的楼梯平台上,那么,5分钟,不,不用5分钟,你会十分清楚地听到你的名字。你说呢,小姐!告诉他情况是这样的。	设法使他平静下来。设法帮助处于困境中的索菲亚。
索菲亚：	
总是这样,不少也不多。不,至于那个,我相信你不会谴责我。	设法向查茨基保证。我对任何事都不感到内疚。
查茨基：	
哦,让我们假设是这样。谁相信谁就非常幸运。相信温暖了心房。	让我们停止这次谈话;等等。

(A.格里博耶多夫,《机智的苦恼》,第一幕)

为了理解另一个人的言语,单单了解他的词语是不够的——我们还必须了解他的思想。但是,甚至这样做也是不够的——我们还必须了解他的动机。直到这个层面,对一种言词的心理分析才算完整。

我们终于到达了我们分析的结尾;让我们概览一下它的结果。言语思维表现为一种复合的、动态的统一体,其中思维和言语的关系好像穿越了一系列层面的一种运动。我们的分析追踪着这一过程，从最外部的层面进入到最内部的层面。实际上，言语思维的发展采取相反的历程：从激发一种思维的动机到思维的形成，首先是在内部言语中，然后在词义中，最后在言语中。然而，倘若认为这是从思维到言语的唯一途径，那将是一个错误。这种发展可能在其复杂过程中的任何一点上停止；一种毫无限制的多样化的往复运动（采用我们尚不了解的方式）是有可能的。对这些多样性的研究超出了我们目前的任务范围。

我们的研究遵循了一条十分不寻常的途径。我们的意愿是研究思维和言语的内部运作，这是直接观察所难以见到的。意义和语言的整个内在方面，也就是朝着个人的一面，而不是朝着外部世界的一面，迄今为止仍然是个未知领域。不论人们如何解释思维和言语，两者之间的关系始终被认为是永恒不变的。然而，我们的研究已经表明，恰恰相反，在言语思维发展中产生的这两个过程之间的关系是脆弱的、易变的。我们不想对言语思维这个课题进行详尽的论述，而且也不可能进行详尽的论述。我们只是试图对这个动态结构的无限复杂性提供一个一般的概念——一个以实验记录的事实为出发点的概念。

为了把心理学联合起来，思维和言语通过外部联系统合起来，这有点类似于两个无意义音节（nonsense syllables）之间的联系。格式塔心理学虽然引进了结构联系的概念，但是，像更为古老的理论一样，并未说明思维和言语之间的特殊关系。所有其他的理论汇聚成两极——或者是行为主义的思维概念，即把思维看做言语减去声音，或者是唯心主义的观点，即由符茨堡学派和柏格森（H. Bergson）所持的观点，认为思维是"纯粹的"，与

语言无关,并受言语歪曲。尤契夫的"思维一旦发声便是谎言"的论点,完全可以作为后一种学派的格言。不论是走向纯粹的自然主义(pure naturalism)还是走向极端的唯心主义,所有这些理论具有一个共同的特征——即他们的反历史的偏见(antihistorical bias)。他们研究思维和言语,但丝毫不顾及它们的发展史。

只有一种关于内部言语的历史理论能够应付这个巨大而又复杂的问题。思维和言语之间的关系是一个活生生的过程;思维是通过词而产生的。一个词一旦没有了思维便成了死的东西,而一种思维如果不通过词来体现也不过是一个影子(shadow)而已。然而,思维和言语之间的联结并非事先形成的或始终不变的。它在发展过程中产生,而且联结本身也在演化。对于《圣经》(Biblical)中的"始物为言"(in the beginning was the word)这句话,歌德让浮士德(Faust)回答说"始物为行"(in the beginning was the deed)。这里,目的是贬低言词的价值,但是,如果我们强调的重点不同,那么我们可以接受这种说法:始物为行。言不是始物——行是开端;言为结尾,言使行圆满完成。

我们在结束我们的评述时不能不提一下我们的研究所开辟的前景。我们研究了言语的内在方面,这一内在领域像月球的另一面一样对科学来说尚无所知。我们表明,对现实的概括反映是言语的基本特征。言语的这个方面把我们带入更为广阔和更加深入的课题之中——意识的一般问题。思维和语言在某种程度上用不同于知觉的方式反映现实,两者是开启人类意识本质的钥匙。言语不仅在思维的发展中起着主要作用,而且在整个意识的历史成长中也起着主要的作用。言语是人类意识的缩影。

参考文献

1. Ach, N., *Ueber die Begriffsbildung*. Bamberg, Buchner, 1921.

2. Arsen'eva, Zabolotnova, Kanushina, Chanturija, Efes, Nejfec, and others. Unpublished theses of students of the Herzen Pedagogical Institute in Leningrad.

3. Bleuler, E., *Das autistisch-undiszipliniente Denken in der Medizin*. Berlin, J. springer, 1927.

4. Borovski, V., *Vuedenie v sravnitel'nuju psikhologiju* [*Introduction to Comparative Psychology.*]. 1927.

5. Buehler, C., *Soziologische und psychlogische Studien ueber das erste Leben sjahr*. Jena, G. Fischer, 1927.

6. Buehler, k., *Die geistige Entwicklung des Kindes*. Jena, G. Fischer, 1927.

7. ——, *Abriss der geistigen Entwicklung des Kindes*. Leipzig. Queile & Meyer, 1928.

8. Delacroix, H., *Le langage et la pensee*. Paris, F. Alcan, 1924.

9. Engels, F., *Dialektik der Natur*. Moscow, Marx-Engels Verlag, 1935.

10. Frisch, K. V., "Ueber die 'Sprache' der Bienen." *Zool. Jb., Abt. Physiol.*, 40, 1923.

11. Gesell, A., *The Mental Growth of the Preschool Child*. New York, Macmillan, 1925.

12. Goldstein, K., "Ueber Aphasie." *abh. aus d. Schw. Arch. f. Neurol. u. Psychiat.*, Heft 6, 1927.

13. ——,"Die pathologischen Tatsachen in ihrer Bedeutung fuer das Problem der Sprache."*Kongr. D. Ges. Psychol.*,12,1932.

14. Groos,K.,*Das Seelenleben des Kindes*. Berlin,Reuther & Reichard,1913.

15. Hanfmann,E.,and Kasanin,J.,"A Method for the Study of Concept Formation." *J. Psychol.*,3,1937.

16. ——,*Conceptual Thinking in Schizophrenia*. Nerv. and Ment. Dis. Monogr.,67,1942.

17. Kafka,G.,*Handbuch der vergleichenden Psychologie*,Bd. I,Abt. I. Muenchen,E. Reinhardt,1922.

18. Koehler,W.,*Intelligenzpruefungen an Menschenaffen*. Berlin,J. Springer,1921.

19. ——,"Zur Psychologie des Schimpansen."*Psychol. Forsch.*,I,1921.

20. Koffka,K.,*Grundlagen der psychischen Entwicklung*. Osterwieck am Harz,A. W. Zickfeldt,1925.

21. Kretschmer,E.,*Medizinische Psychologie*. Leipzig,G. Thieme,1926.

22. Kuelpe,O.,"Sovremennaja psikhologija myshlenija"["The Contemporary Psychology of Thinking"]. *Novye idei v filosofii*,16,1914.

23. Lemaitre,A.,"Observations sur le langage interieur des enfants." *Arch. de Psychol.*,4,1905.

24. Lenin,V.,Konspekt knigi Gegelja *Nauka Logiki*[Outline of Hegel's book *The science of Logic*]. Filosofskie tetradi,published by the CC of the CPSU(b),1934.

25. Leontjew,A.,and Luria,A.,"Die psychologischen Anschauungen L. S. wygotski's." *Ztschr. f. Psychol.*,162,Heft 3-4,1958.

26. Levy-Bruhl,L.,*Les fonactions mentales dans les sociétés inferieures*. Paris,F. Alcan,1918.

27. Marx,K.,*Das Kapital*,Bd. I. Hamburg,O. Meissner,1914.

28. Meumann,E.,"Die Entwicklung der ersten wortbedeutungen beim Kinde."*Phi-

los. Stud., 20, 1902.

29. Piaget, J., *Le langage et la pensée chez l'enfant*. Neuchâtel-Paris, Delachaux & Niestlé, 1923.

30. ——, *Le jugement et le raisonnement chez l'enfant*. Neuchatel-Paris, Delachaux & Niestlé, 1924.

31. ——, *La representaion du monde chez l'enfant*. Paris, F. Alcan, 1926.

32. ——, *La causalité physique chez l'enfant*. Paris, F. Alcan, 1927.

33. ——, "Psychologic de l'enfant et l'enseignement de l'histoire." *Bulletin trimestriel de la Conférence Internationale pour l'enseignement de l'histoire*, 2, Paris 1933.

34. Plekhanov, G., *Ocherki po istorii materializma* [*Essays on the History of Materialism*]. 1922.

35. Rimat, F., *Intelligenzuntersuchungen anschliessend an die Ach'sche Suchmethode*. Goettingen, G. Calvoer, 1925.

36. Sakharov, L., "O metodakh issledovanija ponjatij" ["methods of Investigating Concepts"]. *Psikhologija*, III, 1, 1930.

37. Shif, Zh., *Razvitie zhitejskikh i nauchnykh ponjatij* [*The Development of Scientific and Everyday Concepts*]. Moscow, Uchpedgiz, 1935.

38. Stern, C. u. W., *Die Kindersprache*. Leipzig, J. A. Barth, 1928.

39. Stern, W., *Person und Sache*, Bd. I. Leipzig, J. A. barth, 1905.

40. ——, *Psychologie der fruehen Kindheit*. Leipzig, Quelle & Meyer, 1914.

41. Storch, A., *Das archaisch-primitive Erleben und Denken in der Schizophrenie*. Monogr. aus d. Gesamtgeb. d. Neurol. u. Psychiat., H. 32, 1922.

42. Thorndike, E., *The Mental Life of the Monkeys*. New York, Macmillan, 1901.

43. Tolstoy, L., *Pedagogicheskie stat'i* [*Pedagogical Essays*]. Kushnerev, 1903.

44. Usnadze, D., "Die Begriffsbildung im vorschulpflichtigen Alter." *Ztech. f. angew. Psychol*, 34, 1929.

45. ——, "Gruppenbildungsversuche bei vorschulpflichtigen Kindern." *Arch. ges. Psychol.*, 73, 1929.

46. Vygotsky, L., Luria, A., Leontiev, A., Levina, R., and others. Studies of egocentric speech. Unpublished.

47. Vygotsky, L., and Luria, A., "The Function and Fate of Egocentric Speech." *Proceed. of the Ninth Intern. Congr. of Psychol.* (New Haven, 1929). Princeton, Psychol. Rev. Company, 1930.

48. Vygotsky, L., Kotelva, Ju., Pashkovskaja, E. Experimental study of concept formation. Unpublished.

49. Vygotsky, L., "Eksperimental' noe issledovanie vysshikh processov povedenija" ["An Experimental Investigation of Higher Mental Processes"]. *Psikhonevrologicheskie nauki v S. S. S. R.*, Gosmedizdat, 1930.

50. ——, *Pedologija podrostka* [*Pedology of the Adolescent*]. Uchgiz, 1931.

51. ——, "Thought in Schizophrenia." *Arch. Neurol. Psychiat.*, 31, 1934.

52. ——, "Thought and Speech." *Psychiatry*, II, 1, 1939.

53. Volkelt, H., "Fortschritte der experimentellen Kinderpsychologie." *Kongr. f. exper. Psychol.*, 9, 1926. Jena, G. Fischer.

54. Watson, J., *Psychology from the Standpoint of a Behaviorist*. Philadelphia and London, G. B. Lippincott, 1919.

55. Werner, H., *Einfuehrung in die Entwicklungspsychologie*. Leipzig, J. A. Barth, 1926.

56. Wumdt, W., *Voelkerpsychologie, I. Die Sprache*. Leipzig, W. Engeimann, 1900.

57. Yerkes, R. M., *The Mental Life of Monkeys and Apes*. Behav. Monogr., III, 1, 1916.

58. Yerkes, R. M., and learned, B. W., *Chimpanzee Intelligence and Its Vocal Expression*. Baltimore, Williams & Wilkins, 1925.